"十二五"职业教育国家规划立项教材

数控加工技术

主　编　朱明松

副主编　王立云　徐伏健

参　编　潘世毅　黄小培　陈飞飞　蔡　银

主　审　陶建东

机械工业出版社

CHINA MACHINE PRESS

本书是经全国职业教育教材审定委员会审定的"十二五"职业教育国家规划立项教材，是根据教育部新颁布的中等职业学校相关专业教学标准，同时参考数控车工、数控铣工职业资格标准编写的。

　　本书以数控加工实践为主线，以典型汽车机械零件为载体，结合全国数控专业课程改革成果及近年来数控技能大赛成果，以任务驱动、理实一体的教学形式呈现教学内容。本书主要内容包括数控机床基本知识、数控加工工艺及编程基础、数控车削编程与加工、数控铣削编程与加工、CAD/CAM自动编程与加工。

　　本书可作为中等职业学校汽车类、数控类专业教材，也可作为相关岗位的培训教材。

　　为便于教学，本书配套有电子教案、助教课件、教学视频等教学资源，选择本书作为教材的教师可来电（010-88379197）索取，或登录www.cmpedu.com网站，注册、免费下载。

图书在版编目（CIP）数据

数控加工技术/朱明松主编. —北京：机械工业出版社，2016.9
（2021.7重印）

"十二五"职业教育国家规划立项教材

ISBN 978-7-111-54575-0

Ⅰ.①数… Ⅱ.①朱… Ⅲ.①数控机床-加工-中等专业学校-教材
Ⅳ.①TG659

中国版本图书馆 CIP 数据核字（2016）第 192862 号

机械工业出版社（北京市百万庄大街22号　邮政编码100037）
策划编辑：王佳玮　责任编辑：王莉娜　王佳玮　韩　冰
责任校对：陈　越　封面设计：张　静　责任印制：单爱军
北京虎彩文化传播有限公司印刷
2021年7月第1版第3次印刷
184mm×260mm·13印张·309千字
标准书号：ISBN 978-7-111-54575-0
定价：39.80元

电话服务　　　　　　　　网络服务
客服电话：010-88361066　机　工　官　网：www.cmpbook.com
　　　　　010-88379833　机　工　官　博：weibo.com/cmp1952
　　　　　010-68326294　金　书　网：www.golden-book.com
封底无防伪标均为盗版　机工教育服务网：www.cmpedu.com

本书是根据教育部《关于中等职业教育专业技能课教材选题立项的函》（教职成司［2012］95号），由全国机械职业教育教学指导委员会和机械工业出版社联合组织编写的"十二五"职业教育国家规划教材，是根据教育部新颁布的职业学校相关专业教学标准，同时参考数控车工、数控铣工国家职业资格标准编写的。

本书以能力培养为目标，以数控加工实践为主线，以典型汽车机械零件为载体，以国家数控车工中级工职业技能标准及教育部最新颁布的专业教学标准为依据编写，在编写过程中结合全国数控专业课程改革成果及近年来数控技能大赛成果，以任务驱动、理实一体的教学形式编写教学内容。本书共分为数控机床基本知识、数控加工工艺及编程基础、数控车削编程与加工、数控铣削编程与加工、CAD/CAM自动编程与加工5章，本书主要特点如下。

1. 本书采用先进技术，内容够用和实用，以市场上广泛采用的最先进的FANUC 0i-Mate-M系统为主，满足教学和生产的需要。

2. 任务驱动、理实一体，以汽车典型零件为载体，融入有关数控刀具选择、数控加工工艺路径确定、数控指令与编程方法、数控机床加工、精度测量与尺寸控制等知识，体现"学中做、做中教"的先进教学理念。

3. 本书内容的设置从实际出发，强调可操作性，贯彻学校能实施、教师易教、学生易学的理念。

4. 本书中所用名称、名词、术语、技术规范均符合最新国家标准。

5. 本书图文并茂，通俗易懂。以实物图代替平面图形，以图片或表格呈现形式为主；书中示例程序后均配有文字说明，以降低学生的认知难度，适应学生特点；数控机床操作部分采用大量的与机床面板功能一致的图标，再配合功能说明，使数控机床操作一目了然，也便于学生自主学习。

6. 本书中设有CAD/CAM自动编程加工内容。随着数控技术的发展与进步，CAD/CAM技术在数控机床上应用越来越广，故本书以CAXA数控车及CAXA制造工程师软件为载体，系统介绍CAD/CAM加工流程，拓宽学生知识面、就业面，保持与企业技术进步同步。

本书主要教学内容及参考学时安排如下：

章　节	内　容	参考学时	合计
第1章　数控机床基本知识	1.1　数控机床的产生与发展	1	6
	1.2　数控机床的分类与加工特点	1	
	1.3　数控机床的工作原理及组成	1	
	1.4　数控机床坐标系	2	
	1.5　数控机床安全操作规程及日常维护与保养	1	

（续）

章　节	内　容	参考学时	合计
第2章　数控加工工艺及编程基础	2.1　常用量具	2	26
	2.2　数控加工常用刀具	3	
	2.3　数控加工常用装夹方式	4	
	2.4　数控机床程序结构	2	
	2.5　数控机床常用编程指令	3	
	2.6　数控加工工艺	10	
	2.7　典型零件数控加工工艺分析	2	
第3章　数控车削编程与加工	3.1　数控车床基本操作	6	38
	3.2　数控车床编程指令	12	
	3.3　数控车削加工实例	20	
第4章　数控铣削编程与加工	4.1　数控铣床基本操作	6	42
	4.2　数控铣床编程指令	16	
	4.3　数控铣削加工实例	20	
第5章　CAD/CAM自动编程与加工	5.1　CAXA2013数控车软件编程与加工	4	12
	5.2　CAXA2013制造工程师软件编程与加工	8	
合　　计		124	

本书由江苏省朱明松机电技术名师工作室组编，南京六合中等专业学校朱明松老师任主编，南京六合中等专业学校王立云、徐伏健老师任副主编，名师工作室潘世毅、黄小培、陈飞飞、蔡银参与了本书的编写。本书由南京市职业教育教学研究室陶建东任主审。本书经全国职业教育教材审定委员会审定，评审专家对本书提出了宝贵的建议，在此对他们表示衷心的感谢！在本书的编写过程中，编者参阅了国内外出版的有关教材和资料，在此一并表示衷心感谢！

　　由于编者水平有限，书中不妥之处在所难免，敬请读者批评指正。

编　者

目　录

第1章

数控机床基本知识

数控机床是数字控制机床（Computer numerical control machine tools）的简称，是一种装有程序控制系统的自动化机床。它通过程序控制机床的动作，按图样要求的形状和尺寸，自动地将零件加工出来。数控机床较好地解决了复杂、精密、小批量、多品种的零件加工问题，是一种柔性的、高效能的自动化机床，代表了现代机床控制技术的发展方向。

1.1 数控机床的产生与发展

学习目标

➲ 了解数控机床的产生过程
➲ 了解数控机床的发展趋势

1. 数控机床的产生

数控机床最早诞生于美国。1948 年帕森斯公司在研制加工直升机叶片轮廓检查用样板的机床时，提出了数控机床的设想，后受美国空军委托与麻省理工学院合作，于 1952 年试制了世界上第一台三坐标数控立式铣床，其数控系统采用电子管。1960 年，德国、日本等国都陆续地开始开发、生产及使用数控机床。

由于微电子和计算机技术的不断发展，数控机床的数控系统一直在不断更新，到目前为止已经历过以下几代变化：

第一代数控系统（1952～1959 年）：采用电子管构成的硬件数控系统。

第二代数控系统（1959～1965 年）：采用晶体管电路为主的硬件数控系统。

第三代数控系统（1965 年开始）：采用小、中规模集成电路的硬件数控系统。

第四代数控系统（1970 年开始）：采用大规模集成电路的小型通用电子计算机数控系统。

第五代数控系统（1974 年开始）：采用微型计算机控制的数控系统。

第六代数控系统（1990 年开始）：采用工控 PC 的通用 CNC 系统。

前三代为第一阶段，数控系统主要是由硬件连接构成，称为硬件数控；后三代称为计算机数控，其功能主要由软件完成。

我国于 1958 年研制出第一台数控机床，发展过程大致可分为两大阶段。1958～1979 年为第一阶段，1979年至今为第二阶段。第一阶段中对数控机床特点、发展条件缺乏认识，在人员素质差、基础薄弱、配套件不过关的情况下，一哄而上又一哄而下，终因表现欠佳、无法用于生产而停顿。第二阶段从日、美、德、意、英、法、韩国等国家和中国台湾引进数控机床先进技术并进行合作、合资生产，解决了可靠性、稳定性的问题，数控机床开始正式生产和使用。

2. 数控机床的发展

随着科技的进步与发展，先进制造技术的兴起和不断成熟，对数控技术提出了更高的要求，数控机床朝着以下几方面向前发展：

（1）高速化　高速化主要体现在：①主轴转速高，机床主轴最高转速达200000r/min；②进给速度高，在分辨率为0.01μm时，最大进给速度达到240m/min；③运算速度高，开发出CPU已达到32位以及64位的数控系统，频率提高到几百兆赫、上千兆赫，运算速度极大提高；④换刀速度快，目前国外先进加工中心的刀具交换时间普遍已在1s左右，有些可达0.5s。

（2）高精度化　近10年来，普通级数控机床的加工精度已提高到5μm，精密级加工中心达到1~1.5μm，超精密加工精度已开始进入纳米级（0.001μm）。加工精度的提高不仅在于采用了滚珠丝杠副、静压导轨、直线滚动导轨、磁浮导轨等部件，提高了CNC系统的控制精度，还在于应用了高分辨率位置检测装置，以及使用了各种误差补偿技术，如丝杠螺距误差补偿、刀具误差补偿、热变形误差补偿、空间误差综合补偿等。

（3）功能复合化　功能复合化是指在一台机床上尽可能完成从毛坯至成品的多种要素加工。根据机床结构特点可分为工艺复合型和工序复合型两类。工艺复合型机床，如镗铣钻复合而成的加工中心、车铣复合而成的车削中心等；工序复合型机床，如多面多轴联动加工的复合机床和双主轴车削中心等。采用复合机床进行加工，减少了工件装卸、更换和调整刀具的辅助时间以及中间过程产生的误差，提高了零件加工精度，缩短了产品制造周期，提高了生产率。

（4）智能化　人工智能技术的发展，满足了制造业生产柔性化、制造自动化的发展需求，数控机床的智能化程度也在不断提高。具体体现在以下几个方面：

1）加工过程自适应控制能力。通过监测加工过程中的切削力、主轴和进给电动机的功率、电流、电压等信息，辨识出刀具的受力、磨损、破损状态及机床加工的稳定性状态，并根据这些状态实时调整加工参数（主轴转速、进给速度）和加工指令，使设备处于最佳运行状态，以提高加工精度，并提高设备运行的安全性。

2）加工参数的智能优化与选择。将工艺专家或技师的经验、零件加工的一般与特殊规律，用现代智能方法，构造基于专家系统或基于模型的"加工参数的智能优化与选择器"，利用它获得优化的加工参数，从而达到提高编程效率和加工工艺水平的目的。

3）智能故障自诊断与自修复能力。根据已有的故障信息，应用现代智能方法实现故障的快速准确定位及自动修复。

4）智能故障回放和故障仿真能力。能够完整记录系统的各种信息，对数控机床发生的各种错误和事故进行回放和仿真，用以确定引发错误的原因，找出解决问题的办法，积累生产经验。

5）智能化交流伺服驱动装置。能自动识别负载，并自动调整参数的智能化伺服系统，包括智能主轴交流驱动装置和智能化进给伺服装置。这种驱动装置能自动识别电动机及负载的转动惯量，并自动对控制系统参数进行优化和调整，使驱动系统获得最佳运行。

6）智能4M数控系统。在制造过程中，将测量（Measurement）、建模（Modelling）、加工（Manufacturing）、机器操作（Manipulator）四者（即4M）融合在一个系统中，实现信息共享，促进测量、建模、加工、装夹、操作的一体化。

（5）体系开放化

1）向未来技术开放。软硬件接口都遵循公认的标准协议，只需少量的重新设计和调整，新一代的通用软硬件资源就可能被现有系统所采纳、吸收和兼容。

2）向用户特殊要求开放。更新产品、扩充功能、提供软硬件产品的各种组合以满足特殊应用要求。

3）数控标准的建立。数控技术诞生以来信息交换都是基于ISO6983标准，即采用G、M代码对加工过程进行描述，这种面向过程的描述方法已越来越不能满足现代数控技术高速发展的需要。为此，国际上正在研究和制定一种新的CNC系统标准ISO14649（STEP-NC），其目的是提供一种不依赖于具体系统的中性机制，能够描述产品整个生命周期内的统一数据模型，从而实现整个制造过程，乃至各个工业领域产品信息的标准化。

（6）驱动并联化 并联机床（又称虚拟轴机床）是20世纪最具革命性的机床运动结构的突破。并联机床（图1-1、图1-2）由基座、动平台、多根可伸缩杆件组成，每根杆件的两端通过球面支承（球铰）分别将动平台与基座相连，并由伺服电动机和滚珠丝杠按数控指令实现伸缩运动，使动平台带动主轴部件或工作台部件做任意轨迹的运动。并联机床结构简单，但数学运算复杂，整个平台的运动牵涉到相当庞大的数学运算，因此并联机床是一种知识密集型机构。并联机床与传统串联机床相比，具有高刚度、高承载能力、高速度、高精度、重量轻、机械结构简单、制造成本低、标准化程度高等优点，在许多领域都得到了成功的应用。

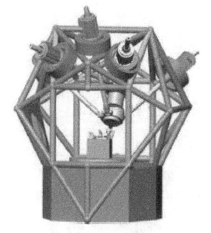

图1-1 并联机床模型

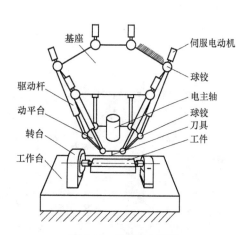

图1-2 并联机床结构

（7）极端化（大型化和微型化） 国防、航空、航天事业的发展和能源等基础产业装备的大型化，需要大型且性能良好的数控机床的支撑，而超精密加工技术和微纳米技术是

21 世纪的战略技术，需发展能适应微小型尺寸和微纳米加工精度的新型制造工艺和装备，所以微型机床包括微切削加工（车、铣、磨）机床、微电加工机床、微激光加工机床和微型压力机等加工设备的需求量正在逐渐增大。

（8）网络化 数控机床的网络化将极大地满足柔性生产线、柔性制造系统、制造企业对信息集成的需求，也是实现新的制造模式，如敏捷制造、虚拟企业、全球制造的基础单元。目前先进的数控系统为用户提供了强大的联网能力，除了具有 RS232 接口外，还带有远程缓冲功能的 DNC 接口，可以实现多台数控机床间的数据通信并直接对多台数控机床进行控制，有的已配备与工业局域网通信的功能以及网络接口，使远程在线编程、远程仿真、远程操作、远程监控及远程故障诊断成为可能。

1.2　数控机床的分类与加工特点

学习目标

➲了解数控机床的分类方法
➲了解常见数控机床的种类
➲了解数控机床的加工特点

1.2.1　数控机床的分类

1. 按加工工艺及机床用途分类

（1）金属切削类 金属切削类数控机床指采用车、铣、铰、磨、刨、钻等各种切削工艺的数控机床，它又可分为普通型数控机床和加工中心两大类。普通型数控机床，如数控车床（图1-3）、数控铣床（图1-4）、数控磨床（图1-5）等。加工中心是指带有自动换刀机构和刀具库的数控车床和铣床，如（铣削类）加工中心（图1-6）、车削中心（图1-7）等。

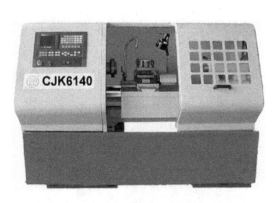

图1-3　数控车床（水平导轨）

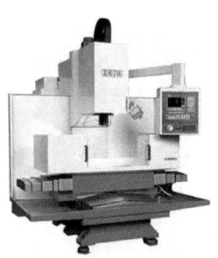

图1-4　数控铣床（立轴式）

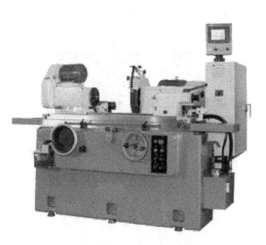

图1-5 数控磨床（数控外圆磨床）

图1-6 加工中心

图1-7 车削中心

（2）金属成形类 金属成形类数控机床指采用挤、冲、压、拉等成形工艺的数控机床，常用的有数控压力机（图1-8）、数控折弯机（图1-9）、数控弯管机（图1-10）等。

图1-8 数控压力机

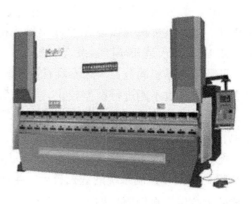

图1-9 数控折弯机

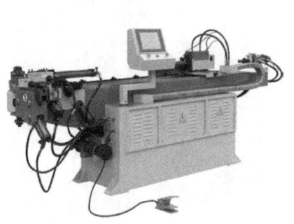

图 1-10　数控弯管机

图 1-11　数控电火花线切割机床

（3）特种加工类　特种加工类数控机床主要有数控电火花线切割机床（图 1-11）、数控电火花成形机床（图 1-12）等。

2. 按数控机床的功能水平分类

按数控机床的功能水平，通常把数控机床分为低、中、高三档。其中，中、高档数控机床一般称为全功能数控或标准型数控机床。低档数控机床如经济型数控机床，是指由单片机和步进电动机组成的数控系统，或其他功能简单、价格低的数控系统构成的机床。

3. 按控制方式分类

数控机床按控制方式可分为开环控制、半闭环控制和闭环控制三大类。

（1）开环控制系统的数控机床　开环控制系统的数控机床是指不带反馈装置的数控机床。进给伺服系统采用步

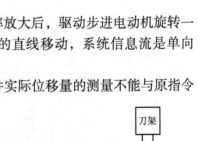

图 1-12　数控电火花成形机床

进电动机，数控系统每发出一个指令脉冲，经驱动电路功率放大后，驱动步进电动机旋转一个角度，然后经过减速齿轮和丝杠螺母机构，转换为刀架的直线移动，系统信息流是单向的。图 1-13 所示是开环控制系统框图。

开环控制系统的数控机床不具有反馈装置，对移动部件实际位移量的测量不能与原指令值进行比较，也不能进行误差校正，因此系统精度低，但因其结构简单、成本低、技术容易掌握，故在中、小型控制系统的经济型数控机床中得到应用，尤其适用于旧机床改造的简易数控机床。

（2）半闭环控制系统的数控机床　半闭环控制

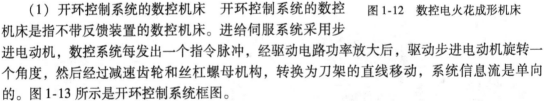

图 1-13　开环控制系统

系统的数控机床在伺服机构中装有角位移检测装置，通过检测伺服机构的滚珠丝杠转角间接测量移动部件的位移，然后反馈到数控装置中，与输入原指令位移值进行比较，用比较后的

差值进行控制，以弥补移动部件位移，直至差值消除为止。由于丝杠螺母机构不包括在闭环之内，所以丝杠螺母机构的误差仍然会影响移动部件的位移精度。图 1-14 所示为半闭环控制系统框图。

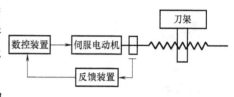

图 1-14　半闭环控制系统

半闭环控制系统的数控机床采用伺服电动机，结构简单、工作稳定、使用维修方便，目前应用比较广泛。

（3）闭环控制系统的数控机床　闭环控制系统的数控机床在机床移动部件位置上直接装有直线位置检测装置，将检测到的实际位移反馈到数控装置中，与输入的原指令位移值进行比较，用比较后的差值控制移动部件做补充位移，直至差值消除为止，达到精度要求。图 1-15 所示为闭环控制系统框图。

闭环控制系统数控机床的优点是精度高（一般可达 0.01mm，最高可达 0.001mm），但结构复杂、维修困难、成本高，一般用于加工精度要求很高的场合。

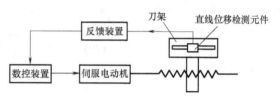

图 1-15　闭环控制系统

4. 按数控系统分类

目前工厂常用数控系统有：FANUC（发那科）数控系统、SIEMENS（西门子）数控系统、华中数控系统、广州数控系统、三菱数控系统等。每一种数控系统又有多种型号。例如，发那科系统从 0i 到 23i，西门子系统从 SINUMERIK 802S、802C 到 802D、810D、840D 等。各种数控系统的指令代码、编程要求及面板按键功能都各不相同，编程和加工时应以数控机床说明书为准。

1.2.2　数控机床的加工特点

数控机床的加工特点见表 1-1。

表 1-1　数控机床的加工特点

序号	特　　点	说　　明
1	加工精度高、质量稳定	数控机床按照预定的加工程序自动加工工件，加工过程中消除了操作者人为的操作误差，能保证零件加工质量的一致性，利用反馈系统进行校正并补偿加工精度，可以获得比机床本身精度还要高的加工精度及重复精度
2	能加工复杂型面	数控机床能实现多坐标轴联动，容易实现许多普通机床难以完成或无法加工的曲线、曲面构成的回转体、非标准螺距螺纹、变螺距螺纹及空间曲线、曲面等的加工
3	适应性强	只需要重新编写（或修改）数控加工程序即可实现对新零件的加工，不需要重新设计模具、夹具等工艺装备，适用于多品种、小批量零件的生产及新产品试制
4	生产率高	数控机床结构刚性好，主轴转速高，可以进行大切削用量的强力切削；此外，机床移动部件的空行程运动速度快，加工时所需的切削时间和辅助时间均比普通机床少，生产率比普通机床高 2～3 倍；加工形状复杂的零件，生产率可提高十几倍到几十倍
5	自动化程度高、工人劳动强度低	用数控机床加工零件，操作者除了输入程序、装卸工件、对刀、关键工序的中间检测等，不需要进行其他复杂手工操作，劳动强度和紧张程度均大为减轻；此外，机床上一般都具有较好的安全防护、自动排屑、自动冷却等装置，操作者的劳动条件也大为改善
6	经济效益高	单件、小批生产，使用数控机床可以减少划线、调整、检验时间而减少生产费用，节省工艺装备而获得良好的经济效益。此外，加工精度稳定，减少了废品率。数控机床还可实现一机多用，节省厂房、节省建厂投资等
7	有利于生产管理的现代化	用数控机床加工零件，能准确地计算零件的加工工时，有效地简化了检验工具、夹具、半成品的管理工作。其加工及操作均使用数字信息与标准代码输入，最适宜与计算机联系，目前已成为计算机辅助设计、制造及管理一体化的基础

1.3 数控机床的工作原理及组成

学习目标

➡️ 了解数控机床的工作原理
➡️ 了解数控机床的结构组成

1.3.1 数控机床的工作原理

数控机床把加工过程中所需的各种操作（如主轴变速、进刀与退刀、开车与停车、选择刀具、供给切削液等）和步骤，以及刀具与工件之间的相对位移量都用数字化的代码表示，通过控制介质或数控面板等将数字信息送入专用或通用的计算机，由计算机对输入的信息进行处理与运算，发出各种指令来控制机床伺服系统或其他执行机构，使机床自动加工出所需要的工件。图 1-16 所示是数控机床上零件加工过程。

图 1-16 数控机床上零件加工过程

1.3.2 数控机床的结构组成

数控机床由机床本体、控制部分、驱动部分、辅助部分等组成，见表 1-2。

表 1-2 数控机床的组成

序号	名称	说明	图例
1	机床本体部分	数控机床的机床本体部分与传统机床相似，由主轴传动装置、进给传动装置、床身、工作台以及刀库等组成。现在的大部分数控机床在整体布局、外观造型、传动系统、刀具系统的结构以及操作机构等方面都已发生了很大的变化，这种变化的目的是满足数控机床的要求和充分发挥数控机床的特点	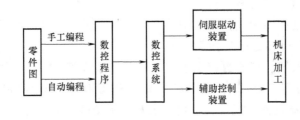 数控车床本体(未组装前)

（续）

序号	名称	说明	图例
1	机床本体部分	数控机床的机床本体部分与传统机床相似,由主轴传动装置、进给传动装置、床身、工作台以及刀库等组成。现在的大部分数控机床在整体布局、外观造型、传动系统、刀具系统的结构以及操作机构等方面都已发生了很大的变化,这种变化的目的是满足数控机床的要求和充分发挥数控机床的特点	刀库 立柱 主轴传动装置 工作台 进给传动装置 床身 加工中心本体(未组装前)
2	控制部分	控制部分是数控机床的控制核心,由各种数控系统完成对数控机床的控制,如发那科数控系统、西门子数控系统、华中数控系统、广州数控系统等。数控系统由 CNC 单元、PLC(可编程序控制器)、控制面板、输入/输出接口等组成	伺服放大器 操作面板 I/O模块 I/O单元
3	驱动部分	驱动部分是数控机床执行机构的驱动部件,由伺服驱动装置、伺服电动机及检测反馈装置组成,在 CNC 和 PLC 协调配合下,共同完成对数控机床运动部件的控制	伺服驱动装置 伺服电动机
4	辅助部分	完成数控加工辅助动作的装置,由冷却系统、润滑系统、照明系统、自动排屑系统、防护罩等组成	液压冷却泵 数控机床润滑泵 冷却润滑系统 排屑装置

1.4   数控机床坐标系

学习目标

- 掌握数控机床坐标系确定原则
- 会分析常用数控机床的机床坐标系
- 掌握工件坐标及其确定方法

1.4.1   机床坐标系

1. 机床坐标系的确定原则

为描述机床运动，简化程序编写方法，数控机床必须有一个坐标系才行。这种机床固有的坐标系称为机床坐标系，也称为机械坐标系，目前国际上已统一了数控机床坐标系标准，我国也制定 GB/T 19660—2005《工业自动化系统与集成　机床数值控制坐标系和运动命名》予以规定。主要内容有：

（1）刀具相对于静止工件而运动的原则　在数控机床上，不论是刀具运动还是工件运动，一律以刀具运动为准，工件看成是不动的。这样，可以按工件轮廓确定刀具加工轨迹。

（2）标准坐标系采用右手直角坐标系原则　如图 1-17 所示，张开食指、中指与拇指相互垂直，中指指向 $+Z$ 方向，拇指指向 $+X$ 方向，食指指向 $+Y$ 方向。三个坐标轴与机床主要导轨平行。旋转坐标轴 A、B、C 的正方向根据右手螺旋法则确定。

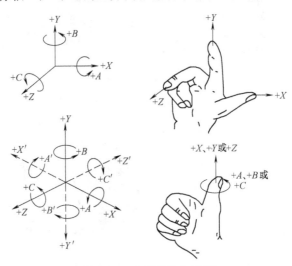

图 1-17　右手直角坐标系

（3）运动方向的确定原则　数控机床某一部件运动的正方向，是增大工件和刀具之间距离的方向。

2. 机床坐标系确定方法

数控机床一般先确定 Z 轴，然后确定 X、Y 轴。规定平行于机床主轴（传递切削动力）的刀具运动坐标轴为 Z 轴；X 轴处于水平位置，垂直于 Z 轴且平行于工件装夹平面；最后，根据直角坐标系原则确定 Y 轴。

3. 常见机床坐标系

（1）卧式数控车床　卧式数控车床机床坐标系有两个坐标轴，分别是 Z 轴和 X 轴；Z 轴位于主轴轴线上，坐标轴正方向为刀具远离工件方向（水平向右）；X 轴为水平方向，正方向为刀具远离工件方向。

前置刀架：刀架与操作者在同一侧，水平导轨的经济型数控机床常采用前置刀架，X 轴正方向指向操作者，如图 1-18 所示。

后置刀架：刀架与操作者不在同一侧，倾斜导轨的全功能型数控机床和车削中心常采用后置刀架，X 轴正方向背向操作者，如图 1-19 所示。

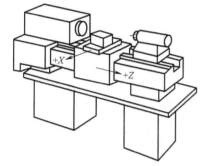

图 1-18　前置刀架数控车床机床坐标系

图 1-19　后置刀架数控车床机床坐标系

（2）立式数控铣床（加工中心）　立式数控铣床机床坐标系如图 1-20 所示。Z 轴与立式铣床（加工中心）主轴同轴，向上远离工件为正方向。站在工件台前，面对主轴，主轴向右移动方向为 X 轴的正方向，Y 轴的正方向为主轴远离操作者方向。

（3）卧式数控铣床（加工中心）　如图 1-21 所示，Z 轴与卧式铣床（加工中心）的水平主轴同轴，远离工件方向为正；站在工作台前，主轴向左（工作台向右）运动方向为 X 轴的正方向，Y 轴的正方向向上。

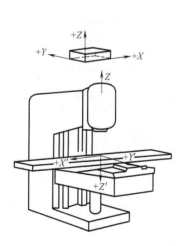

图 1-20　立式数控铣床（加工中心）机床坐标系

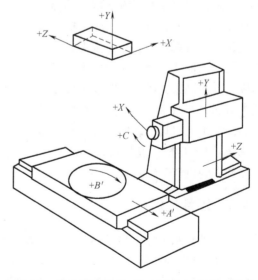

图 1-21　卧式数控铣床（加工中心）机床坐标系

4. 机床原点、机床参考点

（1）机床原点　即机床坐标系的原点，又称为机械原点（零点），是数控机床切削运动的基准点，位置由机床制造厂确定。

数控车床原点大多规定在主轴中心线与卡盘端面的交点处，也可通过设置参数的方法，将机床原点设定在 X、Z 坐标的正方向极限位置上与机床参考点重合。数控车床机床原点位置如图 1-22 所示。

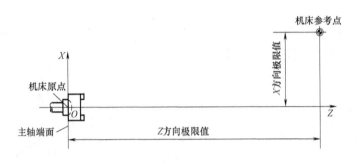

图 1-22　数控车床机床原点位置及机床参考点

数控铣床机床原点一般设置在刀具远离工件的极限位置，即各坐标轴正方向的极限点处，如图 1-23 所示。

（2）机床参考点　机床参考点是数控机床上的固定点，其位置由机床制造厂家调整，并将坐标值输入数控系统中，因此机床参考点对机床原点的坐标是一个已知数。对于大多数数控机床，开机后必须首先进行刀架返回机床参考点操作，确认机床参考点，建立数控机床坐标系，并确定机床坐标系的原点。只有机床回参考点以后，机床坐标系才建立起来，刀具移动才有了依据，否则不仅加工无基准，而且还会发生碰撞等事故。数控机床参考点位置通常设置在机床坐标系中 $+X$、$+Y$、$+Z$ 极限位置处，常作为刀具自动换刀点位置。数控车床的机床参考点如图 1-22 所示，数控铣床的机床参考点如图 1-23 所示。

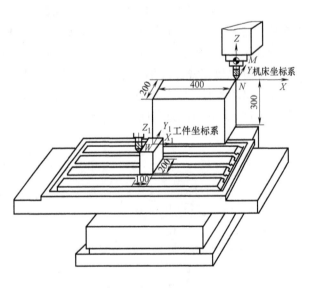

图 1-23　数控铣床机床原点及机床参考点

1.4.2　工件坐标系

工件坐标系又称编程坐标系，是编程人员为方便编写数控程序而人为建立的坐标系，一般建立在工件上或零件图样上。为编程方便，工件坐标系建立应有一定的准则，否则无法编写数控加工程序或编写的数控程序无法加工，具体有以下几方面：

1. 工件坐标系方向的选择

工件坐标系的方向必须与所采用的数控机床坐标系相一致，如数控车床工件坐标系 Z 轴水平向右，X 轴向下（前置刀架）或向上（后置刀架），如图 1-24 所示。

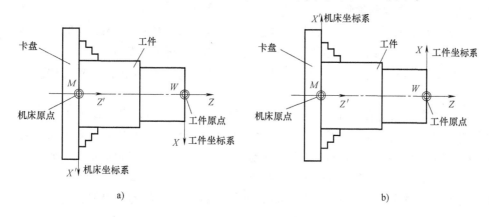

图 1-24 数控车床工件坐标系与机床坐标系关系

a) 前置刀架工件坐标系方向　b) 后置刀架工件坐标系方向

立式数控铣床（加工中心），工件坐标系 Z 轴正方向应垂直向上，X 轴正方向水平向右，Y 轴正方向向前，与立式铣床（加工中心）机床坐标系方向一致。

2. 工件坐标系原点位置的选择

工件坐标系的原点又称为工件零点或编程零点，理论上编程原点的位置可以任意设定，但为方便求解工件轮廓上基点坐标进行编程，一般按以下要求进行设置：

（1）数控车床

① X 轴原点选择在工件轴线上。

② Z 轴原点选择在工件右端面（最常用）。

③ 对于对称的零件，Z 轴原点可选择在工件对称中心平面上。

④ Z 轴原点也可以选择在工件左端面。

（2）数控铣床

① 工件零点应尽量选择在零件的设计基准或工艺基准上。

② 工件零点尽量选择在精度较高的工件表面上，以提高加工零件的加工精度。

③ 对于对称的零件，工件零点应选择在对称中心上。

④ 对于一般零件，工件零点可选择在工件外轮廓的某一角上。

⑤ Z 轴原点一般设置在工件上表面上。

1.5　数控机床安全操作规程及日常维护与保养

学习目标

➲了解数控机床的安全操作规程内容

➲会进行数控机床日常维护与保养

为正确合理地使用数控机床，保证机床正常运转，防止机床非正常磨损，保证机床的使用寿命和效率，必须制定比较完善的数控机床安全操作规程，同时对机床进行精心的维护和保养，其内容如下。

1. 数控机床安全操作规程

1）正确穿戴工作服、工作鞋、防护眼镜、工作帽等劳动保护用品，女同学必须将头发塞入帽中，以免发生事故；时时佩戴防护眼镜防止切屑飞溅损伤眼睛。

2）开机前仔细检查电压、气压、油压是否正常（有手动润滑的部位先要进行手动润滑）。

3）机床通电后，检查各开关、按钮、按键是否正常、灵活，机床有无异常现象。

4）检查各坐标轴是否回机床参考点，限位开关是否可靠；若某轴在回机床参考点前已在机床参考点位置，应先将该轴沿负方向移动一段距离后，再手动回机床参考点。

5）机床开机后应空运转 5min 以上，使机床达到热平衡状态。

6）装夹工件时应定位可靠，夹紧牢固，所用螺钉、压板不得妨碍刀具运动，零件毛坯尺寸正确无误。

7）数控刀具选择、安装正确，夹紧牢固。

8）程序输入后，应仔细核对，防止发生错误。

9）机床加工前，应关好机床防护门，加工过程中不允许打开防护门。

10）严禁用手接触刀尖、切屑和旋转的工件等。

11）首件加工应采用单段程序切削，并随时注意调节进给倍率，控制进给速度。

12）试切削和加工过程中，刀具刃磨、更换后，一定要重新对刀。

13）发生故障时，应立即按下紧急停止按钮，并向指导教师汇报。

14）未经教师同意不得擅自起动机床，多人共用一台机床时，只能一个人操作并注意他人安全。

15）不熟悉的设备、设施、按钮，不私自乱开乱动，不做有安全隐患的各种操作，在车间不慎受伤，应及时进行处理，并尽快向指导教师汇报。

16）停机时，数控车床应将各坐标轴停在正向极限位置，数控铣床停在中间位置。

17）加工结束后收放好工具、量具等，清扫机床并加防锈油，及时切断机床电源。

2. 数控机床日常维护及保养

常见数控机床日常维护和保养的内容有以下几点：

1）保持环境整洁。周围环境对数控机床影响较大，潮湿的空气、粉尘及腐蚀气体等，不仅对机床导轨面产生磨损和腐蚀，还会影响电器元件的寿命。

2）保持机床清洁。要坚持对机床主要部位（如工作台、裸露的导轨、数控面板）每班打扫一次，对机床整机每周打扫一次，包括油、气、水过滤器、过滤网等。

3）定期对机床各部位进行检查，及时发现问题，消除隐患。常见检查内容及要求见表1-3。

4）杜绝机床带故障运行。设备一旦出现故障，尤其是机械部分故障，应立即停止加工，分析故障原因，待解决后才能继续运行。

5）及时调整。机床长期运行后，因各种原因会使机床丝杠反向间隙、镶条与导轨间隙增大等，影响机床精度，出现上述问题应及时调整。

6）及时更换易损件。传动带、轴承等配件出现损坏后，应及时更换，防止造成设备和人身事故。

7）经常监视电网电压。数控装置允许电网电压在额定值的±10%范围内波动，如果超过此范围就会造成数控系统不能正常工作，甚至引起数控系统内某些元器件损坏。为此，需要经常监视数控装置的电网电压。电网电压质量差时，应加装电源稳压器。

8）定期更换存储器电池。一般数控系统都装有电池，当电池电压不足时会报警，应及时更换，预防断电期间系统数据丢失。

表1-3　数控机床检查内容及要求

序号	检查周期	检查部位	检查要求
1	每天	导轨润滑油箱	检查油标、油量，检查润滑泵能否定时起动供油及停止
2	每天	X、Y、Z轴向导轨面	清除切屑及杂物，检查导轨面有无划伤
3	每天	压缩空气气源压力	检查气动控制系统压力
4	每天	主轴润滑恒温油箱	工作正常，油量充足并能调节温度范围
5	每天	机床液压系统	油箱、液压泵无异常噪声，压力指示正常，管路及各接头无泄漏
6	每天	各种电气柜散热通风装置	各电气柜冷却风扇工作正常，风道过滤网无堵塞
7	每天	各种防护装置	导轨、机床防护罩等无松动、无漏水
8	每半年	滚珠丝杠	清洗丝杠上旧润滑脂，涂上新润滑脂
9	不定期	切削液箱	检查液面高度，经常清洗过滤器等
10	不定期	排屑器	经常清理切屑
11	不定期	清理废油池	及时取走废油池中的废油，以免外溢
12	不定期	调整主轴驱动带松紧程度	按机床说明书调整
13	不定期	检查各轴导轨上镶条	按机床说明书调整

思 考 与 练 习

1. 简述数控机床的产生过程。

2. 简述数控机床的发展趋势。

3. 什么是并联机床？并联机床有何特点？

4. 简述数控机床的工作原理。

5. 数控机床由哪几部分组成？各部分的作用是什么？

6. 按加工工艺及机床用途分，数控机床分为哪几类？

7. 按控制方式分，数控机床分为哪几类？

8. 数控机床加工特点有哪些？

9. 什么是机床坐标系？数控机床坐标系确定原则有哪些？

10. 卧式数控车床坐标轴有哪几个？分别位于什么位置？

11. 立式数控铣床坐标轴有哪几个？分别位于什么位置？

12. 什么是机床原点？卧式数控车床和立式数控铣床的机床原点一般位于什么位置？

13. 什么是机床参考点？数控机床开机后为什么要进行回机床参考点操作？

14. 什么是工件坐标系？数控机床工件坐标系建立原则有哪些？坐标原点设置在何处？

15. 简述数控机床的安全操作规程。

16. 简述数控机床日常维护及保养内容。

第2章

数控加工工艺及编程基础

选择恰当的加工方法，安排合适的加工刀具、夹具，选择合理的切削用量，编排刀具的走刀路线，不仅能提高零件的加工质量，还能提高产品产量和经济效益。本章主要以数控加工的工艺编排为主线，学习数控加工常用量具、刀具、夹具的使用及常用装夹方法、FANUC 系统程序结构和常用指令、数控加工工艺的编排以及典型零件的加工工艺分析等知识，提高数控工艺编排能力，同时为数控车削加工、数控铣削加工及 CAD/CAM 自动编程与加工奠定基础。

2.1　常用量具

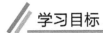
学习目标

➡️ 了解常见量具的类型
➡️ 掌握常见量具的测量原理
➡️ 会使用游标卡尺和千分尺测量尺寸并正确识读测量结果

2.1.1　游标卡尺

游标卡尺是一种测量长度、内外径和深度的量具。游标卡尺由尺身和附在尺身上能滑动的游标两部分构成。尺身一般以毫米为单位，而游标上则有 10、20 或 50 个分格。根据分格的不同，游标卡尺可分为 10 分度游标卡尺、20 分度游标卡尺、50 分度游标卡尺等。游标为 10 分度的实际长度为 9mm，20 分度的实际长度为 19mm，50 分度的实际长度为 49mm。游标卡尺的尺身和游标上有两副活动量爪，分别是内测量爪和外测量爪。内测量爪通常用来测量内径，外测量爪通常用来测量长度和外径。常见的游标卡尺有普通游标卡尺、带表游标卡尺和数显游标卡尺等，分别如图 2-1、图 2-2、图 2-3 所示。

游标卡尺的读数方法为：

1）根据游标零线所处位置读出尺身在游标零线前的整数部分的读数值。

2）判断游标上第几根刻线与尺身上的刻线对齐，游标刻线的序号乘以该游标量具的分度值即可得到小数部分的读数值。

3）将整数部分的读数值与小数部分的读数值相加即为整个测量结果。

图 2-4 所示为普通游标卡尺读数方法，首先读出整数部分为 2mm，找出对齐线为第 21

图2-1 普通游标卡尺

图2-2 带表游标卡尺

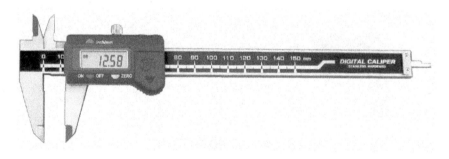

图2-3 数显游标卡尺

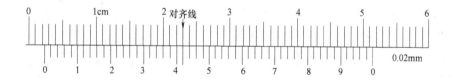

图2-4 普通游标卡尺读数方法

根线，因为每个刻度代表0.02mm，所以读数为（2+21×0.02）mm=2.42mm。

2.1.2 深度游标卡尺

深度游标卡尺用于测量凹槽或孔的深度等尺寸，通常简称为"深度尺"。常见量程有0～100mm、0～150mm、0～300mm、0～500mm等，分度值有0.02mm和0.01mm（由游标上分度格数决定）。

深度游标卡尺有普通深度游标卡尺和数显深度游标卡尺两种，分别如图2-5、图2-6所示。测量内孔深度时，应把基座的端面紧靠在被测孔的端面上，使尺身与被测孔的中心线平行，伸入尺身，则尺身端面至基座端面之间的距离，就是被测零件的深度尺寸。它的读数方法和游标卡尺基本相同。

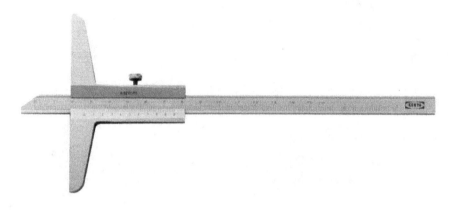

图2-5　普通深度游标卡尺

图2-6　数显深度游标卡尺

2.1.3　游标万能角度尺

游标万能角度尺又称为角度规、游标角度尺和万能量角器，它是利用游标读数原理来直接测量工件角度或进行划线的一种角度量具，如图2-7所示。

游标万能角度尺适用于机械加工中的内、外角度测量，可测 0°～320° 外角及 40°～130° 内角。游标万能角度尺的读数机构是根据游标原理制成的。尺身刻线每格为1°。游标的刻线是取尺身的29°等分为30格，因此游标刻线角格为29°/30，即尺身与游标一格的差值为2′，也就是说游标万能角度尺读数准确度为2′。其读数方法与游标卡尺基本相

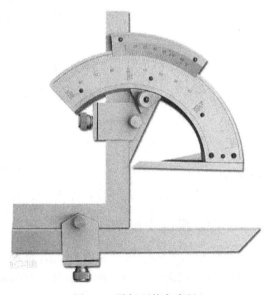

图2-7　游标万能角度尺

同。测量时应先校准零位。游标万能角度尺的零位是当角尺与直尺均装上，而角尺的底边及基尺与直尺无间隙接触，此时尺身与游标的"0"线对准。调整好零位后，通过改变基尺、角尺、直尺的相互位置可测量0°～320°范围内的任意角。应用游标万能角度尺测量工件时，要根据所测角度适当组合量尺，如图2-8所示。

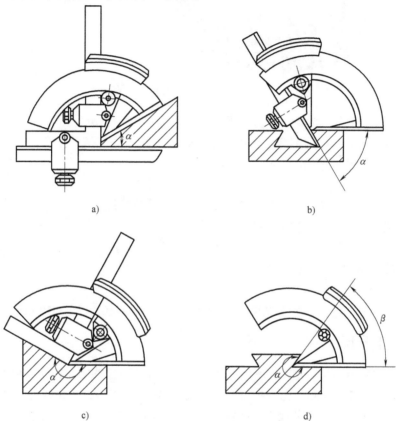

图2-8　游标万能角度尺测量工件示意图

a）测量0°～50°　b）测量50°～140°　c）测量140°～230°　d）测量230°～320°

2.1.4　外径千分尺

外径千分尺是一种比游标卡尺更精密的测量长度的工具，用它测长度可以准确到0.01mm，主要用来测量工件的各种外圆直径、长度、厚度等尺寸。常见的有普通千分尺和数显千分尺，分别如图2-9、图2-10所示。

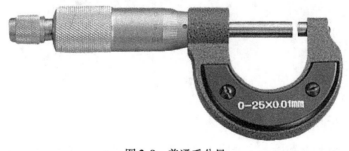

图2-9　普通千分尺

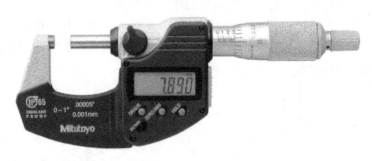

图 2-10　数显千分尺

以图 2-11 所示千分尺为例,千分尺的读数方法为:

1)先以微分筒的端面为准线,读出固定套管刻度线的分度值。注意,固定套管刻度线以 0.5mm 为分度值。图示固定套管读数为 3mm。

图 2-11　千分尺读数示例

2)再以固定套管上的水平横线作为读数基准线,读出微分筒上的分度值,读数时应估读到最小分度值的 1/10,即 0.001mm。图示微分筒读出读数为 2 格,每格为 0.01mm,估读 0.005mm。

3)将以上读数相加,即为测量结果。图示测量结果为 (3 + 0.01 × 2 + 0.005)mm = 3.025mm。

2.1.5　内测千分尺

内测千分尺是利用螺旋副原理,对固定测量爪与活动测量爪之间的分隔距离进行读数的内尺寸测量工具。国产内测千分尺常见规格有 5 ~ 30mm、25 ~ 50mm 两种,分度值一般为 0.01mm。读数方法与外径千分尺基本相同。常见内测千分尺有普通内测千分尺和数显内测千分尺两种,分别如图 2-12、图 2-13 所示。测量前需用环规进行校正。测量内孔时,应反复找正,选择最大值为测量值。

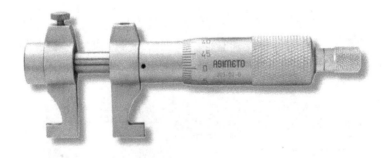

图 2-12　普通内测千分尺

2.1.6　三点内径千分尺

三点内径千分尺为自动定心,常用于不通孔和通孔的精密测量,配有接长杆,可用于深

图 2-13　数显内测千分尺

孔的测量。其特点是测量精度高，示值稳定，使用简捷。它主要利用螺旋副原理，通过旋转塔形阿基米德螺旋体或移动锥体使三个测量爪做径向移动，与被测内孔接触，对内孔尺寸进行读数。因测量爪尺寸限制，故三点内径千分尺常分为 6~12mm、11~20mm、20~40mm、40~100mm 几种成套使用。常见的内测千分尺有普通三点内径千分尺和数显三点内径千分尺两种，分别如图 2-14、图 2-15 所示。其读数方法与外径千分尺基本相同。测量前需用环规进行校正。

图 2-14　普通三点内径千分尺

图 2-15　数显三点内径千分尺

2.1.7　内径量表

内径量表是内量杠杆式测量架和指示表的组合，是将测头的直线位移变为指针的角位移的计量器具，用比较测量法测量或检验零件的内孔、深孔直径及其形状精度。常用的分度值为 0.01mm，测量范围分为 10~18mm、18~35mm、35~50mm、50~100mm、100~160mm、160~250mm、250~450mm 几种。常用的内径量表如图 2-16 所示。

内径量表测量孔径是一种相对的测量方法。测量前应根据被测孔径的尺寸大小，在外径千分尺或环规上调整好尺寸后才能进行测量，如图 2-17 所示。所以在内径量表上的数值是被测孔径尺寸与标准孔径尺寸之差。测量时，连杆中心线应与工件中心线平行，不得歪斜，同时应在圆周上多测几个点，找出孔径的实际尺寸，如图 2-18 所示。

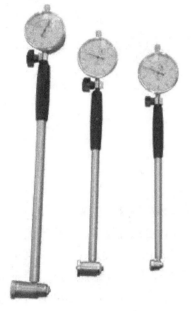

图 2-16　内径量表

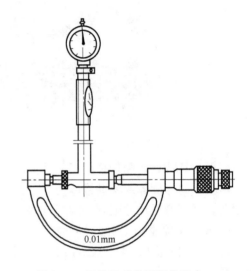

图 2-17　用外径千分尺调整尺寸

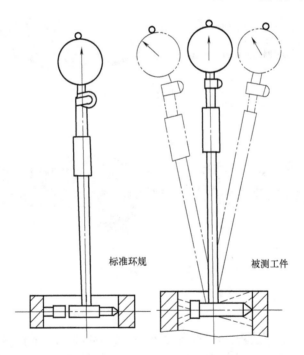

图 2-18　用内径量表测量工件

2.1.8　螺纹塞规与环规

　　螺纹塞规与环规是测量螺纹的工具。塞规用于内螺纹的检测，环规用于外螺纹的检测。一般分为通端（标记为"T"）与止端（标记为"Z"）。检测时，像正常内、外螺纹旋合一样，若通端能通过，而止端与工件螺纹旋合量少于两个螺距时，则螺纹加工合格。否则，螺纹加工不合格。常见螺纹塞规和环规分别如图2-19、图2-20所示。

图2-19　螺纹塞规　　　　　　　　　　　　图2-20　螺纹环规

2.2　数控加工常用刀具

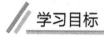学习目标

- ⊃了解数控加工常用刀具的种类和特点
- ⊃了解常用刀具材料的性能和用途
- ⊃掌握数控车床和数控铣床常用刀具的用途
- ⊃会根据加工部位选择刀具

2.2.1　数控加工常用刀具的种类和特点

1. 数控加工常用刀具的种类

数控刀具的分类方法很多，见表2-1。

表2-1　数控加工刀具常见分类方法与种类

分类方法	类　别		说　明
按结构分类	整体式刀具		刀尖与刀体为一个整体
	镶嵌式刀具	焊接式	机夹式根据刀体结构不同,可分为可转位和不转位两类
		机夹式	
	减振式刀具		当刀具的工作臂长与直径之比较大时,为了减少刀具的振动,提高加工精度,多采用此类刀具
	内冷式刀具		切削液通过刀体内部由喷孔喷射到刀具的切削刃部
	特殊型刀具		如复合刀具
按材料分类	高速工具钢刀具		具有较高的耐热性、强度,切削速度较高,工艺性能好,热处理变形小,可以承受较大的切削力和冲击力。它是常用刀具
	硬质合金刀具		硬度较高,耐磨性、耐热性较高,切削性能和使用寿命远高于高速工具钢刀具。适用于高速切削
	陶瓷刀具		具有很高的高温硬度、优良的耐磨性和抗粘结能力,化学稳定性好,但是脆性大、抗弯强度和冲击韧度低、热导率差。一般用于高硬度材料的精加工

（续）

分类方法	类　别	说　明
按材料分类	立方氮化硼刀具	硬度较高,耐热温度和耐磨性能均较高。一般用于高硬度材料、难加工材料的精加工
	金刚石刀具	硬度高,耐磨性极好,但是耐热温度较低,切削时易因粘附作用而损坏。主要用于高硬度、耐磨材料和有色金属及其合金的加工
按切削工艺分类	车削刀具	分为外圆、内孔、外螺纹、内螺纹、槽等多种加工刀具
	钻削刀具	分为小孔、短孔、深孔、攻螺纹、铰孔等多种加工刀具
	镗削刀具	分为粗镗、精镗等刀具
	铣削刀具	分为面铣、立铣、三面刃铣等刀具
	特殊型刀具	有带柄自紧夹头、强力弹簧夹头刀柄、可逆式(自动反向)攻螺纹夹头刀柄、增速夹头刀柄、复合刀具和接杆类等

2. 数控加工刀具的特点

相比于普通加工，数控加工具有高速、高效、高自动化等特点，数控刀具为了适应数控加工的需要，有以下特点：

1）刀片和刀具的几何参数和切削参数规范化、典型化。

2）刀片或刀具使用寿命的合理化。

3）刀片和刀具的通用化、规格化、系列化。

4）刀具的精度较高。

5）刀柄具有高强度、高刚性和高耐磨性。

6）刀具尺寸便于调整。

3. 数控刀具的使用要求

1）有很高的切削效率。

2）有很高的精度和重复定位精度。

3）有很高的可靠性和使用寿命。

4）可以实现刀具的预调和快速换刀，提高加工效率。

5）具有完善的模块化工具系统，可以储存必要的刀具。

6）建立完备的刀具管理系统，以便可靠、高效、有序地管理刀具系统。

7）要有在线监控及尺寸补偿系统，监控加工过程中刀具的状态。

2.2.2　数控加工刀具的材料

1. 刀具材料应具备的性能

从切削加工的使用实际出发，刀具材料应具备如下性能：

1）高硬度和耐磨性。要实现切削加工，刀具材料的硬度必须比工件材料的硬度高。一般要求，刀具材料的室温硬度不低于62HRC。工件的硬度越高，刀具材料的硬度也越高。耐磨性是指刀具材料抵抗摩擦和磨损的能力，是影响刀具使用寿命的主要因素。一般刀具材料硬度越高，材料的耐磨性也越好。同时，材料组织中碳化物的种类、数量、大小及分布情况对耐磨性也有一定影响。

2）足够的强度和韧性。刀具在切削时需要承受很大的切削力和冲击力，因此刀具材料必须具有足够的强度和韧性。

3）高的热硬性和导热性。刀具在切削过程中会产生大量的热量，这时需要刀具具有在高温下继续保持高硬度、耐磨性、强度和韧性的能力。刀具材料的热硬性越好，则刀具的切削性能越好。刀具的导热性越好，越利于切削热的传导，从而降低切削区的温度，减轻刀具的磨损。

4）良好的工艺性。为了便于刀具制造，刀具材料要具有良好的工艺性能，如铸造性能、热处理性能、锻造性能、切削加工性能等。

5）经济性。价格便宜，容易推广使用。

2. 常见刀具材料

常见刀具材料见表2-2。

表2-2 常见刀具材料

序号	材料名称	性能特点	用途
1	高速工具钢	高速工具钢是加入了较多的钨、铬、钼、钒等合金元素的高合金工具钢。高速工具钢具有较高的硬度和耐热性，尤其是其热硬性较好（在600℃时硬度为47~48.5HRC），有较高的强度和韧性，并且高速工具钢的制造工艺性良好，刀具制造简单，能锻造，容易刃磨成锋利的切削刃，故又称为锋钢。高速工具钢按照用途不同可分为通用型高速工具钢和高性能高速工具钢；按制造工艺方法不同可分为熔炼高速工具钢和粉末冶金高速工具钢。常见的高速工具钢牌号有W18Cr4V、W2Mo9Cr4VCo8等	高速工具钢主要用于中、低速切削的刀具以及复杂刀具如钻头、丝锥、成形刀具、拉刀等的制造
2	硬质合金	硬质合金是由难熔金属的硬质化合物[如碳化钨（WC）、碳化钛（TiC）、碳化钽（TaC）、碳化铌（NbC）等]的微粉和粘结金属[钴（Co）、镍（Ni）、钼（Mo）等]通过粉末冶金工艺制成的一种合金材料 硬质合金具有硬度高（可达78~82HRC）、耐磨、强度较好、耐热、耐蚀等一系列优良性能，特别是它的高硬度和耐磨性尤为突出，在1000℃时仍有很高的硬度。但其韧性差、脆性大，承受冲击和抗弯曲能力低，制造工艺性差，一般将硬质合金刀片焊接或机械夹固在刀体上使用	硬质合金广泛用作刀具材料，如车刀、铣刀、刨刀、钻头、镗刀等，用于切削铸铁、有色金属、塑料、化纤、石墨、玻璃、石材和普通钢材，也可以用来切削耐热钢、不锈钢、高锰钢、工具钢等难加工的材料 国际标准化组织ISO将硬质合金分为三类，用K、M、P表示。K类相当于我国的钨钴类（YG）硬质合金，主要用于加工铸铁、有色金属和非金属材料，外包装用红色标志。P类相当于我国的钨钴钛类（YT）硬质合金，主要用于加工切削呈带状的钢料等塑性材料，外包装用蓝色标志。M类相当于我国的钨钛钽（铌）钴类（YW）硬质合金，主要用于加工铸铁、有色金属以及钢材，又称为通用硬质合金，外包装用黄色标志
3	陶瓷刀具材料	陶瓷刀具是以氧化铝（Al_2O_3）或氮化硅（Si_3N_4）为基体，在高温下压制成形后烧结而成的一种刀具材料。它具有很高的硬度和耐磨性，硬度可达78HRC，化学性能稳定，加工表面粗糙度值较小，耐热性可达1200℃以上，耐磨性比硬质合金高十几倍，但抗弯强度低，冲击韧性差	主要用于钢、铸铁、有色金属、高硬度材料及大件和高精度零件的精加工

（续）

序号	材料名称	性能特点	用途
4	金刚石	金刚石是已知的最硬物质。它有天然和人造两种，工业上主要用人造金刚石。它硬度高，但韧性差，因在高温下易与黑色金属发生化学反应，故不宜用于加工黑色金属	主要用于有色金属以及非金属材料的高速精加工
5	立方氮化硼	立方氮化硼由软的六方氮化硼经高温高压转变而成。它具有仅次于金刚石的硬度和耐磨性，耐热性高达 1400℃，化学稳定性好，不易与黑色金属发生化学反应。但强度低，焊接性差	主要用于淬硬钢、冷硬铸铁、高温合金和一些难加工材料的半精加工、精加工
6	刀具表面涂层材料	表面涂层是在硬质合金或高速工具钢刀具基体上，涂覆一层或多层耐磨性高的难熔金属化合物。涂层硬质合金一般采用化学气相沉积法（CVD 法），涂层高速工具钢一般采用物理气相沉积法（PVD 法）。表面涂层厚度一般为 $5 \sim 13\mu m$。通过涂层方法，使刀具既有基体材料的强度和韧性，又有很高的耐磨性。常用的涂层材料有 TiC、TiN、Al_2O_3 等。表面涂层可以提高刀具的表面硬度，降低摩擦因数，使刀具磨损显著降低，在相同刀具寿命的前提下，可提高切削速度 30%～50%，或者相同切削速度之下使刀具寿命提高数倍	表面涂层刀具主要用于各种钢材、铸铁的精加工和半精加工或负担较轻的粗加工

2.2.3　数控车床常用刀具

车床主要用于回转表面的加工，如内外圆柱面、圆锥面、圆弧面、螺纹等。数控车床常用加工刀具见表 2-3。

表 2-3　数控车床常用加工刀具

名称	外圆车刀	切槽刀	螺纹车刀
图示	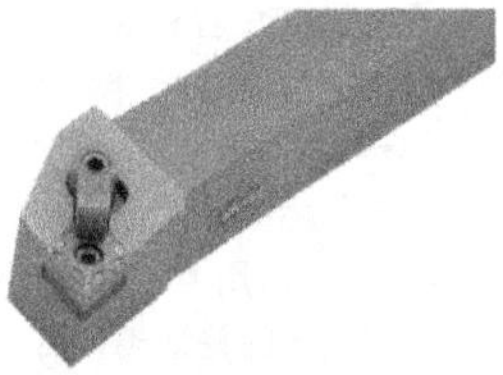		
用途	常用外圆车刀有 45°和 90°两种。45°车刀常用于车端面，90°车刀可用于车外圆、端面和台阶	常用于外沟槽的加工。一般根据槽宽选择相应的刀片	常用于外螺纹加工。一般需根据螺距选择相应的刀片
名称	内孔车刀	内槽车刀	内螺纹车刀
图示		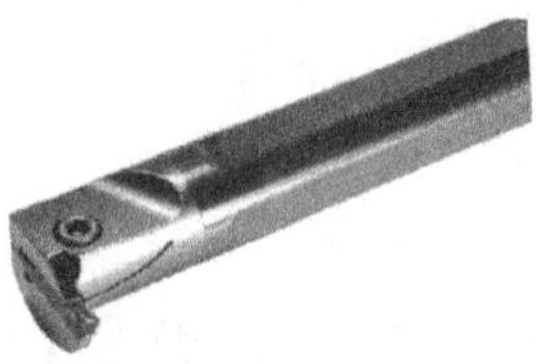	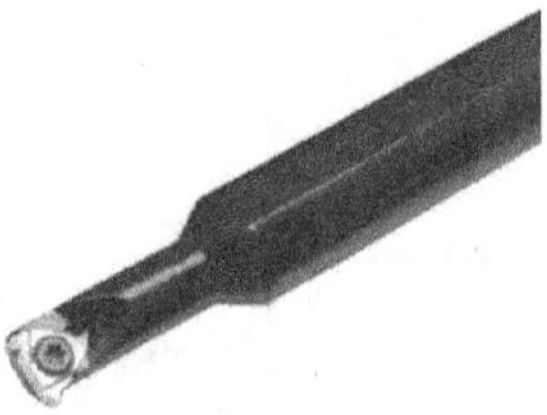
用途	常用内孔车刀有通孔车刀和不通孔车刀之分。通孔车刀主偏角小于 90°，不通孔车刀主偏角大于 90°。刀柄直径需根据加工孔径选择	常用于内沟槽的加工。一般根据槽宽选择相应的刀片。刀柄直径需根据加工孔径选择	常用于内螺纹加工。一般需根据螺距选择相应的刀片。刀柄直径需根据加工孔径选择

（续）

名称	圆弧车刀	麻花钻	中心钻
图示	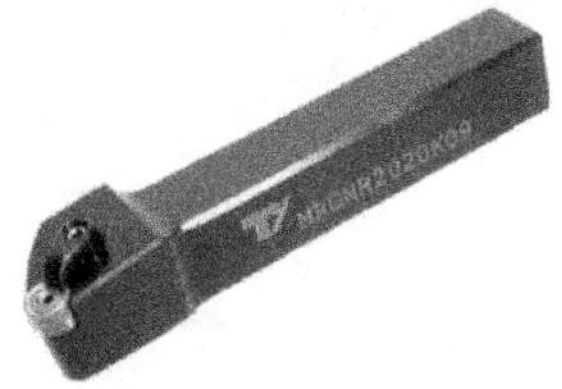		
用途	常用于圆弧、曲线轮廓的加工	常用于孔的粗加工	常用于加工中心孔

2.2.4　数控铣床常用刀具

铣床主要用于平面、台阶、沟槽等的加工，也可以加工各种曲面、花键、螺旋槽等。数控铣床常用加工刀具见表2-4。

表2-4　数控铣床常用加工刀具

名称	面铣刀	立铣刀	键槽铣刀
图示			
用途	常用于粗铣、精铣各种平面	常用于铣削沟槽、螺旋槽、台阶面、凸轮及工件上各种形状的孔等	常用于铣削键槽
名称	模具铣刀	角度铣刀	镗孔刀
图示			
用途	常用于加工模具型腔或凸凹模成形表面，可分为圆锥形立铣刀、圆柱形球头铣刀和圆锥形球头铣刀	常用于加工各种角度槽及斜面等，可分为单角铣刀、不对称双角铣刀和对称双角铣刀	常用于大孔的粗、精加工
名称	螺纹铣刀	机用铰刀	丝锥
图示		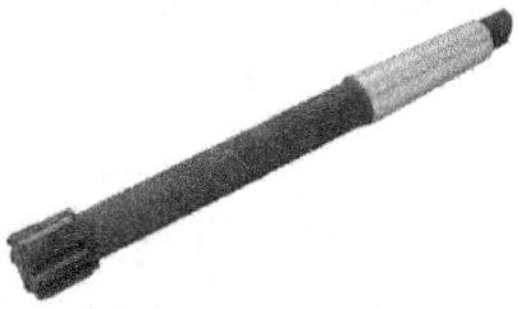	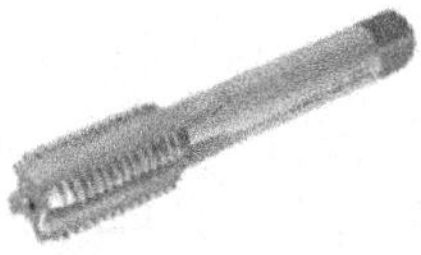
用途	常用于大直径螺纹孔的铣削加工	常用于小直径孔的精加工	常用于小直径螺纹孔的加工

2.3　　数控加工常用装夹方式

学习目标

- ◎了解数控机床常用夹具的分类
- ◎了解数控机床常用夹具的组成和作用
- ◎掌握数控车床和数控铣床常用夹具的用途
- ◎会根据加工零件选择合适的装夹方式

工件在机床上加工时，为了保证加工精度，同时为了克服加工时较大的切削力的影响，必须进行装夹。装夹包括工件定位和夹紧两部分内容。用于装夹工件的工艺装备就是机床夹具。

2.3.1　夹具的分类

夹具的分类方法很多，如按照使用机床类型可分为车床夹具、铣床夹具、钻床夹具、磨床夹具等，按照动力来源可分为手动夹具、气动夹具、液压夹具、电动夹具、磁力夹具等。一般按照夹具的通用化程度和使用范围，夹具分为通用夹具、专用夹具、成组夹具、组合夹具、随行夹具五大类。

1. 通用夹具

通用夹具是指已经标准化的，可加工一定尺寸范围内的工件的夹具。例如，车床的自定心卡盘、铣床的机用虎钳等。这类夹具一般由专业厂家生产，常作为机床附件提供给用户。通用夹具适应性广、生产率低，主要用于单件、小批量生产。

2. 专用夹具

专用夹具是为了某个工件的某一工序的加工而专门设计的夹具。夹具设计结构往往很紧凑，操作迅速方便；但因为需要适应产品，设计周期长，制造费用高。同时，当产品变更时，夹具通常无法再使用而报废。因此，这类夹具一般在批量较大的生产中使用。

3. 成组夹具

成组夹具是指根据成组技术原理设计的用于成组加工的夹具。成组夹具在通用的夹具体上，只需更换或调整夹具的部分元件就可用于组内不同工件的加工。采用成组夹具的可以显著减少专用夹具的数量，缩短生产周期，降低生产成本，因而在多品种、小批量生产中应用广泛。

4. 组合夹具

组合夹具是由可以重复使用的标准夹具元件和部件组装而成的夹具。由专业厂家制造，使用灵活多变，适应性强，制造周期短，生产成本低，元件能反复使用，因而组合夹具适用于新产品的试制和单件小批量生产。

5. 随行夹具

随行夹具是自动线上使用的一种夹具。自动线夹具一般分为两类：一类为固定式夹具，它与一般专用夹具类似；另一类为随行夹具，它除了具有一般夹具的装夹工件任务外，还承担沿自动线输送工件的任务。随行夹具跟随被加工工件沿着自动线从一个工位移到下一个工位，故有"随行夹具"之称。

2.3.2 机床夹具的组成和作用

1. 机床夹具的组成

1）定位元件。定位元件用于确定工件在夹具中的位置。

2）夹紧装置。夹紧装置的作用是将工件压紧夹牢，并保证工件在加工过程中正确位置不变。

3）安装连接元件。安装连接元件用于确定夹具在机床上的位置，从而保证工件与机床之间的正确加工位置。

4）对刀元件和导向元件。用于确定刀具在加工前正确位置的元件，称为对刀元件。用于确定刀具位置并引导刀具进行加工的元件，称为导向元件。

5）夹具体。夹具体用来连接夹具上各个元件或装置，使之成为一个整体。

6）其他元件或装置。根据工序要求不同，有些夹具上设有分度装置、靠模装置、上下料装置等，以及标准化了的其他连接元件。

2. 机床夹具的作用

数控机床加工时使用夹具的作用如下。

1）保证加工精度。使用夹具可以方便地保证工件加工表面和其他相关表面之间的尺寸和相互位置精度。

2）提高生产率且降低成本。使用夹具以后，不需找正、划线，减少了辅助时间，提高了劳动生产率。特别是采用了高效率的多件、多位夹紧及机动夹紧装置等，提高生产率更为明显。另外，采用夹具后，产品质量稳定，对操作工人的技术水平要求降低，故可以明显降低生产成本。

3）扩大机床的工艺范围。例如，在车床的床鞍上或摇臂钻床的工作台上安上镗模，就可以进行箱体或支架类零件的镗孔加工；附加靠模装置便可以进行仿形车削等。

4）减轻工人的劳动强度。使用夹具后，省去找正、划线等工序，减轻了工人的劳动强度。若采用气动、液压等夹紧装置，则更明显地改善工人的劳动条件，并保证生产安全。

2.3.3 数控车床常用夹具及装夹方式

1. 数控车床常用夹具

（1）卡盘 卡盘有自定心卡盘和单动卡盘两种，分别如图 2-21、图 2-22 所示。自定心卡盘的三个卡爪均匀分布在圆周上，能同步沿卡盘径向移动，能自动定心。单动卡盘的四个卡爪沿圆周均匀分布，每个卡爪可单独径向移动，装夹工件时，需调节各卡爪位置以找正工件位置。

图 2-21 自定心卡盘

图 2-22 单动卡盘

（2）顶尖　顶尖分为前顶尖和后顶尖。前顶尖是安装在主轴孔里的顶尖，它分为两种，其中一种是插入主轴锥孔内的（图2-23a），另一种是夹在卡盘上的（图2-23b）。前顶尖随主轴和工件一起旋转。后顶尖是插入尾座锥孔中的顶尖，分为固定顶尖和回转顶尖两种。固定顶尖定心好，但因与工件中心孔间有相对运动，故容易发热和磨损，如图2-24所示。回转顶尖可跟随工件转动，与工件中心孔无相对运动，不易磨损和发热，但定心精度不如固定顶尖，如图2-25所示。

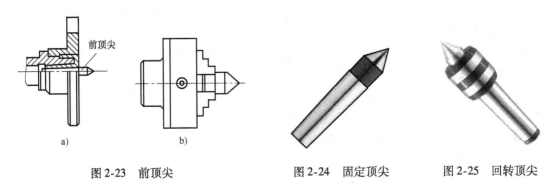

图2-23　前顶尖　　　　　　图2-24　固定顶尖　　　　图2-25　回转顶尖

（3）中心架和跟刀架　中心架如图2-26所示。跟刀架分为两爪跟刀架和三爪跟刀架，分别如图2-27、图2-28所示。

图2-26　中心架　　　　　　图2-27　两爪跟刀架　　　　图2-28　三爪跟刀架

（4）花盘　花盘是材质为铸铁的大圆盘，安装在车床主轴上，上面均匀分布着一些通槽，如图2-29所示。花盘常配合一些附件，如角铁、V形块、压板、方头螺钉、平垫板、平衡块等（图2-30），用来装夹用其他方法不便装夹的形状不规则的工件。

图2-29　花盘

2. 数控车床常见装夹方式

（1）用卡盘装夹　自定心卡盘主要用于装夹中小型圆柱形、正三角形、正六边形工件。一些四边形等非圆柱形工件常用单动卡盘装夹。

（2）用两顶尖装夹　用两顶尖及鸡心夹头装夹工件主要用于精加工，工件两端需预制有中心孔，如图2-31所示。两顶尖装夹重复定位精度高，但不宜承受大的切削力。

（3）一夹一顶装夹　工件一端用卡盘装夹，另一端用后顶尖支承的装夹方式称为一夹

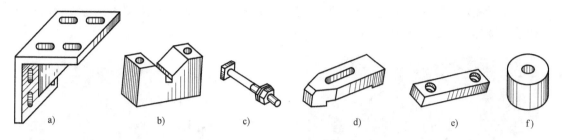

图 2-30　花盘附件

a）角铁　b）V 形块　c）方头螺钉　d）压板　e）平垫板　f）平衡块

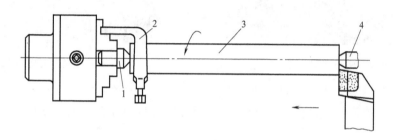

图 2-31　两顶尖装夹

1—前顶尖　2—鸡心夹头　3—工件　4—后顶尖

一顶装夹。这样装夹能承受较大的轴向力，适用于粗加工，以及粗大笨重的轴类零件的装夹。可以采用轴向限位支承或工艺台阶来防止工件轴向窜动，如图 2-32 所示。

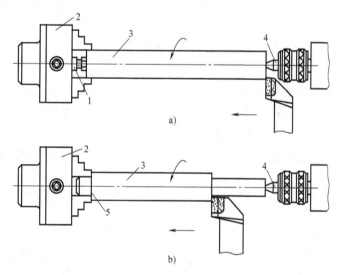

图 2-32　一夹一顶装夹

a）用限位支承　b）利用工件的台阶限位

1—限位支承　2—卡盘　3—工件　4—后顶尖　5—工艺台阶

（4）用中心架、跟刀架辅助支承　加工细长轴时，常使用中心架和跟刀架来提高工件的刚度，防止工件在加工中弯曲变形。中心架多用于带台阶的细长轴的外圆加工和端面加工，使用时固定在机床床身上，不随刀架移动，如图 2-33 所示。跟刀架多用于无台阶的细长轴的外圆加工，如图 2-34 所示。

图 2-33　中心架辅助支承

图 2-34　跟刀架辅助支承

（5）用心轴装夹　当工件内、外圆表面之间有较高位置精度要求时，以内孔定位加工外圆，常使用心轴装夹，如图 2-35 所示。常用心轴有过盈配合心轴、间隙配合心轴和小锥度心轴等。

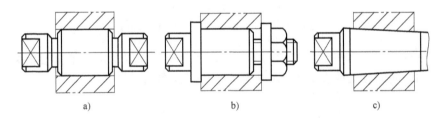

图 2-35　心轴装夹

a）过盈配合心轴　b）间隙配合心轴　c）小锥度心轴

（6）用花盘、角铁装夹　其他方法不便于装夹的不规则形状工件一般采用花盘（角铁）装夹。当待加工表面的轴线与基准面垂直时，工件采用花盘装夹，如图 2-36 所示。当待加工表面的轴线与基准面平行时，常采用安装在花盘上的角铁装夹，如图 2-37 所示。用花盘或角铁装夹工件时，通常需要在花盘上的适当位置安装平衡块来防止切削加工时产生振动。

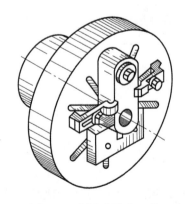

图 2-36　用花盘装夹工件

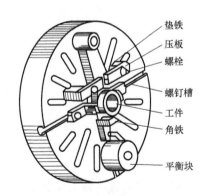

垫铁
压板
螺栓
螺钉槽
工件
角铁
平衡块

图 2-37　用花盘角铁装夹工件

2.3.4 数控铣床常用夹具及装夹方式

1. 数控铣床常用夹具

（1）机用虎钳 机用虎钳有非回转式和回转式两种，分别如图 2-38、图 2-39 所示。铣削长方形工件的平面、台阶面、斜面和轴类零件上的键槽时，通常使用机用虎钳装夹。回转式机用虎钳底座有转盘，使用方便，适应性强，但精度和刚性不如非回转式机用虎钳。

图 2-38 非回转式机用虎钳

图 2-39 回转式机用虎钳

（2）数控回转工作台 数控回转工作台是数控铣床常用部件，常作为数控铣床的一个伺服轴，即立式数控铣床的 C 轴和卧式数控铣床的 B 轴，数控回转工作台如图 2-40 所示。数控回转工作台适用于板类和箱体类工件的连续回转加工和多面加工。工作台工作时，利用主机的控制系统完成与主机相协调的各种分度回转运动。

（3）数控分度头 数控分度头是数控铣床、加工中心等机床的主要附件之一，也可作为半自动铣床、镗床及其他类机床的主要附件，如图 2-41 所示。数控分度头与相应的 CNC 控制装置或机床本身特有的控制系统连接，能按照控制装置的信号或指令做回转分度或连续回转进给运动，以使数控机床能完成指定的加工工序。数控分度头可立、卧两用，常用于加工轴、套类零件。

图 2-40 数控回转工作台

图 2-41 数控分度头

2. 数控铣床常见装夹方式

（1）用机用虎钳装夹 用机用虎钳装夹工件如图 2-42 所示。工件在机用虎钳上装夹时要注意：装夹表面有硬皮时，钳口要垫铜皮或用铜钳口；选择高度适当、宽度略小于工件的垫铁，使工件的被加工部分高于钳口。要保证机用虎钳在工作台上的正确位置，必要时用指示表找正固定钳口面，使其与工作台运动方向平行或垂直。

（2）用压板、T 形螺栓装夹工件 对中型、大型和形状比较复杂的零件，一般采用压板

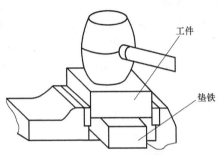

图2-42 用机用虎钳装夹工件

将工件夹紧在数控铣床工作台上，分别如图2-43、图2-44所示。压板装夹工件时所用工具比较简单，主要是压板、垫铁、T形螺栓及螺母。为满足不同形状工件的装夹要求，压板的形状、种类比较多。

图2-43 压板、T形螺栓、垫铁

图2-44 用压板、T形螺栓装夹工件

（3）用数控回转工作台装夹工件 用数控回转工作台装夹工件如图2-45所示，数控回转工作台常用于需要分度或回转曲面加工的场合。

（4）用数控分度头装夹工件 用数控分度头装夹工件如图2-46所示，常跟气动尾座配合使用，用于需要分度的零件的加工。

图2-45 用数控回转工作台装夹工件

图2-46 用数控分度头装夹工件

（5）用自定心卡盘装夹工件 对于小型的圆柱体毛坯，常用自定心卡盘装夹工件，如图 2-47 所示。

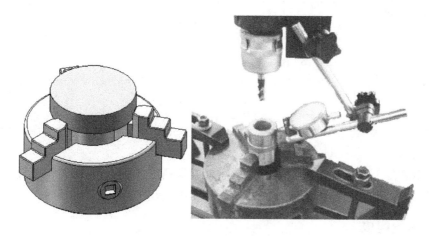

图 2-47 用自定心卡盘装夹工件

2.4 数控机床程序结构

 学习目标

➡了解数控机床程序结构
➡掌握数控机床程序段组成
➡掌握程序段功能字

2.4.1 程序结构

数控机床程序都是由程序名、程序内容和程序结束三部分组成的。

1. 程序名

所有数控程序都要取一个程序名，用于存储、调用。不同的数控系统有不同的命名规则，发那科系统命名规则见表 2-5。

表 2-5 发那科系统程序命名规则

系统	程序命名规则
发那科系统	以字母"O"开头，后跟四位数字从 O0000 ~ O9999 如：O0030、O0230、O0456 等

注：数控程序有主程序与子程序之分，发那科系统主程序与子程序命名规则相同。

2. 程序内容

程序内容由各程序段组成，每一程序段规定数控机床执行某种动作，前一程序段规定的动作完成后才开始执行下一程序段内容。程序段与程序段之间发那科系统用"EOB（;）"分隔。在程序输入过程中按输入键（〈Enter〉键）可以自动产生段结束符。具体示例见表 2-6。

数控加工技术

表 2-6　发那科系统程序示例

数控系统	程序示例
发那科系统	O0001； N10　G54　G40　G90　M3　S1000； N20　G00　X0　Z100； N30　G01　X10　Z5　F0.3； … N200　M30； 每段程序输完后按 ᴱᴼᴮＥ 键再按 INSERT 键进行分段

3. 程序结束

每一个数控加工程序都要有程序结束指令，发那科系统用 M02 或 M30 指令结束程序。M02 程序结束，光标停在程序结尾处；M30 程序结束，光标自动返回程序开头。

2.4.2　程序段组成

程序段由若干程序字组成。程序字又是由字母（或地址）和数字组成的。如：N20 G00　X60　Z100　M3　S1000，即程序字组成程序段，程序段组成数控程序。

程序字是机床数字控制的专用术语，又称程序功能字。它的定义是：一套有规定次序的字符，可以作为一个信息单元存储、传递和操作，如 X60 就是一个程序字或称功能字（或字）。程序字按其功能的不同可分为 7 种类型，分别称为顺序号字（N）、尺寸字（X、Y、Z）、进给功能字（F）、主轴转速功能字（S）、刀具功能字（T）、辅助功能字（M）和准备功能字（G）等，见表 2-7。

表 2-7　程序字

序号	功能字	地址	功能	说明
1	顺序号字	N	表示该程序段的号码，常间隔 5～10 排序，便于在以后插入程序时不会改变程序段号的顺序 如：N10… 　　N20… 　　N30…	从 N1～N99999999，一般放在程序段首 顺序号指令不代表数控程序执行顺序，可以不连续，通常由小到大排列，仅用于程序的校对和检索
2	尺寸字	X、Y、Z （A、B、C、 I、J、K 等）	表示机床上刀具运动到达的坐标位置或转角，如"G00　X20　Z100;"表示刀具运动终点的坐标为(100,20)	尺寸单位有公制、英制之分；公制用毫米(mm)表示，英制用英寸(in)表示(1in=25.4mm)
3	进给功能字	F	表示刀具切削加工时进给速度的大小，如"N10　G1　X20　Z-10　F0.2;"表示刀具进给速度为 0.2mm/r	数控车床进给速度的单位为毫米/转(mm/r)，数控铣床进给速度的单位为毫米/分(mm/min)
4	主轴转速功能字	S	表示主轴的转速，单位为转/分(r/min)。如"S1000"表示主轴转速为 1000r/min	一个程序段只可以使用一个 S 代码；不同程序段，可根据需要改变主轴转速
5	刀具功能字	T	指定加工时所选用的刀具号。数控机床可直接用刀具号进行换刀操作。发那科系统由 T 后跟四位数字组成，前两位为刀具号，后两位为刀具补偿号，如 T0101、T0303	在一个程序段中可以指定一个 T 指令。移动指令和 T 指令在同一程序段中，移动指令和 T 指令同时进行

（续）

序号	功能字	地址	功能	说明
6	辅助功能字	M	表示数控机床辅助装置的接通和断开，由 PLC（可编程序控制器）控制	从 M00～M99（或 M999），前置的"0"可省略不写，如 M02 与 M2、M03 与 M3 可以互用
7	准备功能字	G	建立机床或控制系统工作方式的一种命令	从 G00～G99（或 G999），前置的"0"可以省略，如 G00 与 G0、G01 与 G1 等可以互用

2.5　数控机床常用编程指令

学习目标

◉ 掌握数控机床常用 **G** 指令格式和功能
◉ 掌握数控机床常用 **M** 指令格式和功能
◉ 会进行数控机床开机功能的设定
◉ 会使用 **M** 指令设定机床的辅助状态

准备功能 G 指令有模态指令（代码）和非模态指令（代码）。模态指令又称为续效指令（代码）。模态指令一经在一个程序段指定，便保持到以后程序段中出现同组的另一指令时才失效。非模态指令只在所出现的程序段有效。发那科 0i-Mate-TD 系统 G 代码又有 A 代码、B 代码、C 代码之分，若无特殊情况，本书均以 A 代码为例进行介绍。

2.5.1　数控机床常用 G 指令

1. 设定工件坐标系指令 G50、G92

G50、G92 指令用于规定工件坐标系原点。该指令属于模态指令，其设定值在重新设定前一直有效，一般放在零件加工程序的第一个程序段位置上。

格式：G92 X_ Y_ Z_；数控铣床、加工中心

　　　G50 X_ Z_；　　　数控车床

2. 可设定的零点偏置指令 G54、G55、G56、G57、G58、G59

可设定的零点偏置指令是以机床坐标系原点为基准的偏移，偏移后使刀具运行在工件坐标系中。通过对刀操作将工件原点在机床坐标系中的位置（偏移量）输入到数控系统相应的存储器（G54、G55 等）中，运行程序时调用 G54、G55 等指令实现刀具在工件坐标系中运行，如图 2-48 所示。

例：如图 2-48 所示，刀具由 1 点移动至 2 点。

N10　G00　X60　Z110；　　刀具运行到机床坐标系中坐标为（60，110）位置
N20　G54；　　　　　　　　调用 G54 零点偏置指令
N30　G00　X36　Z20；　　　刀具运行到工件坐标系中坐标为（36，20）位置
指令使用说明：

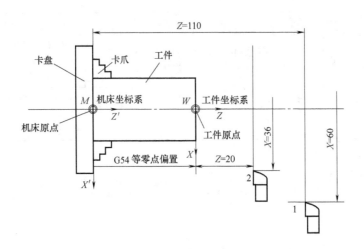

图 2-48　机床坐标系零点偏置情况

1）六个可设定的零点偏置指令均为模态有效代码，一经使用，一直有效。

2）六个可设定的零点偏置功能一样，可任意使用其中之一。

3）执行零点偏移指令后，机床不做移动，只是在执行程序时把工件原点在机床坐标系中位置量带入数控系统内部计算。

4）发那科系统用 G53 指令取消可设定的零点偏置，使刀具运行在机床坐标系中。

3. 平面选择指令 G17、G18、G19

G17、G18、G19 指令用于指定坐标平面，都是模态指令，相互之间可以注销。其作用是让机床在指定平面内进行插补加工和加工补偿。具体指令代码见表 2-8 和图 2-49 所示。

表 2-8　坐标平面及代码

指令代码	坐标平面
G17	XY 平面
G18	ZX 平面
G19	YZ 平面

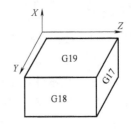

图 2-49　坐标平面

一般三坐标数控铣床和加工中心，开机后数控系统默认为 G17 状态；数控车床默认为 G18 状态。

4. 绝对值编程与增量值编程指令

对于数控铣床和加工中心，绝对值编程指令 G90 和增量值编程指令 G91 是一对模态指令。G90 指令出现后，其后的所有坐标值都是绝对坐标，直至 G91 指令出现；G91 指令出现后，则其后出现的所有坐标值都是增量坐标，直至下一个 G90 指令出现，又改为绝对坐标。机床开机一般默认为 G90 指令。

数控车床当采用绝对尺寸编程时，尺寸字用 X、Y、Z 表示；当采用增量尺寸编程时，尺寸字用 U、V、W 表示。

5. 回参考点指令 G28

参考点是机床上的一个固定点，用该指令可以使刀具非常方便地移动到该位置。

格式：G28　X_　Y_　Z_;

注意：

1）用 G28 指令回参考点的各轴移动速度存储在机床数据中（快速）。

2）使用回参考点指令前，为安全起见应取消刀具半径补偿和长度补偿。

3）发那科系统须指定中间点坐标，刀具经中间点回到参考点。

4）回参考点指令为非模态指令。

6. 公制、英制尺寸设定指令 G21、G20

公制、英制尺寸设定指令是指选定输入的尺寸是英制还是公制，属于模态指令。其中 G20 指令表示英制尺寸，G21 指令表示公制尺寸。一般开机后默认为 G21 状态。

注意：发那科系统 G20、G21 指令必须在设定坐标系之前，并在程序的开头以单独程序段指定。在程序段执行期间，均不能切换公制、英制尺寸输入指令。

7. 进给速度单位设定指令 G94、G95（G98、G99）

进给速度单位设定指令 G94、G95（G98、G99）用于确定直线插补或圆弧插补中进给速度的单位，均为模态指令。其中，G94、G95 指令用于使用发那科系统的数控铣床及加工中心，G98、G99 指令用于使用发那科系统的数控车床。

格式：G94（G98）　F_;每分钟进给量，尺寸为公制或英制时，单位分别为 mm/min、in/min。

G95（G99）　F_;每转进给量，尺寸为公制或英制时，单位分别为 mm/r、in/r。

2.5.2　数控机床常用 M 指令

辅助功能常因生产厂家及机床的结构和规格不同而有差异，下面对一些常用 M 指令做出说明。

1. 程序停止指令 M00

执行 M00 指令后，机床的所有动作均暂停，以便进行某种手动操作，如精度检测等。重新按下"循环启动"按钮后，机床便可继续执行后续程序。该指令常用于加工过程中尺寸检测、工件调头等操作时的暂停。

2. 程序选择停止指令 M01

该指令作用与 M00 指令类似，不同的是只有按下机床控制面板上的"选择停止"按钮并执行到 M01 指令的情况下，机床才会暂停，否则机床会无视 M01 指令，继续执行后续程序。该指令主要用于工件关键尺寸的停机抽样检查，当检查完毕后，按下"循环启动"按钮，机床便继续执行后续程序。

3. 程序结束指令 M02、M30

程序结束指令用于程序的最后一个程序段，表示程序全部执行完毕，主轴、进给及切削液等全部停止，机床复位。M02 指令和 M30 指令之间的区别在于 M02 指令程序结束后，机床复位，光标不返回程序开始段，而 M30 指令程序结束后，机床复位，光标返回程序开始段，为加工下一个工件做好准备。

4. 与主轴有关的指令 M03、M04、M05

M03 指令表示主轴正转，M04 指令表示主轴反转，M05 指令表示主轴停止。主轴正（反）转是从主轴向 Z 轴正向看，主轴顺时针（逆时针）转动。

5. 换刀指令 M06

M06 指令是手动或自动换刀指令，不包括刀具选择功能，常用于加工中心换刀。

6. 与切削液有关的指令 M07、M08、M09

M07 指令为 2 号切削液（雾状）开，M08 指令为 1 号切削液（液态）开，M09 指令为切削液关。

7. 与子程序有关的指令 M98、M99

M98 指令为子程序调用指令，M99 指令为子程序结束并返回主程序指令。

2.6 数控加工工艺

学习目标

- 了解数控加工工艺分析的主要内容
- 了解数控加工工艺分析的步骤
- 掌握加工方法的选择及工艺路线的确定
- 会选择机床和工艺装备
- 会选择切削用量
- 会识读并填写常见数控机床加工工艺文件

数控机床的加工工艺与普通机床的加工工艺有很多相同之处，许多工艺问题的处理方法也大致相同，但由于数控机床加工的零件通常比普通机床加工的零件更复杂，故数控加工的工艺规程也更为复杂。在数控加工前，编制加工程序时，需要知道机床的运动、零件的加工过程、刀具的参数、切削用量及走刀路线，所以合格的程序员首先必须是一个合格的工艺员。

数控加工工艺分析的主要内容如下。

1）选择并确定数控加工的内容。

2）对零件图样进行数控加工的工艺分析。

3）零件的数学处理和编程尺寸的确定。

4）数控加工工艺方案的制订。

5）进给路线的确定。

6）数控机床的选择。

7）刀具、夹具、量具的选择。

8）切削参数的确定。

9）加工程序的编写、检验、修改及首件试切加工。

10）数控加工工艺技术文件的定型与归档。

2.6.1 数控加工工艺分析

规定零件机械加工工艺过程和操作方法等的工艺文件，称为工艺规程。在编制工艺规程前，对零件进行工艺分析是一项十分重要的内容。

1. 确定数控加工的内容

对于某些零件来说，并不是所有部分都适合在数控机床上加工，通常只是零件的某些部分适合数控加工。在选择数控加工内容时，一般可按照下列原则进行。

1）选择普通机床无法加工的部分。

2）重点选择普通机床难以加工、加工质量难以保证的部分。

3）选择普通机床加工效率低、工人劳动强度大的部分。

4）普通机床上必须制造复杂工装的零件或需要多次修改设计才能定型的零件。

相比之下，下列一些内容不宜采用数控加工。

1）占机调整时间长的内容，如以毛坯粗基准定位加工第一个精基准。

2）加工部位分散，不能在一次安装中完成较多加工的内容。

3）编程获取数据困难的型面、轮廓。

4）加工余量大且不均匀的粗加工。

此外，在选择是否进行数控加工时，还应考虑生产批量、生产周期和工序周转情况等，应防止把数控机床当作普通机床使用。

2. 数控加工零件的工艺性分析

（1）零件图的分析

1）分析图样。零件图上的点、线、面是编制程序的重要依据，特别是一些特殊点，如基点、节点等，若是手工编程还需进行坐标计算，故一定要认真分析零件图样，仔细核算，发现问题及时与设计人员联系。

2）分析尺寸。数控编程常采用绝对值编程，其所有坐标都以编程原点为基准。因此，在零件图上应尽量采用同一基准标注尺寸或直接给出尺寸。这样有利于编程，也有利于设计基准、工艺基准和编程原点的统一。

3）分析技术要求。作为一个合格的零件，必须达到技术要求。在保证零件使用性能的前提下，零件加工应经济、可靠。

4）分析材料。在满足要求的情况下尽量选用廉价、切削性能好的材料。

（2）零件的结构工艺性 零件的结构工艺性是指所设计的零件结构在满足使用要求的前提下，制造的方便性、可行性和经济性。即零件的结构应便于加工时工件的装夹、对刀和测量，可以提高切削效率等。结构工艺性不好会导致加工困难，浪费材料和工时，有时甚至无法加工。所以应对零件的结构进行工艺性审查，提出对零件结构的意见或建议，供设计人员修改零件结构时参考。

2.6.2 加工方法选择及工艺路线的确定

1. 定位基准的选择

定位基准分为粗基准和精基准。使用零件上未加工过的表面来定位的基准为粗基准，使用零件上已加工表面来定位的基准为精基准。

（1）粗基准的选择原则

1）对于同时具有加工表面和不加工表面的零件，为了保证加工表面和不加工表面间的相互位置精度要求，应选择不加工表面作为粗基准。如果零件上有多个不加工面，则应选择其中与加工表面位置精度要求较高的表面作为粗基准。

2）对于具有较多加工表面的零件，一般选择毛坯上余量最小的表面作为粗基准。若零件必须首先保证某重要表面的余量均匀，则应选择该表面作为粗基准。

3）作为粗基准的表面应尽量平整，不应有飞边、浇口、冒口及其他缺陷，这样可以减少定位误差，并使零件装夹可靠。

4）粗基准不应重复使用。

（2）精基准的选择

1）基准重合原则。即尽可能选用设计基准作为定位基准，这样可以避免定位基准与设计基准不重合而引起的定位误差。

2）基准统一原则。对位置精度要求较高的某些表面进行加工时，尽可能选用同一个定位基准，这样有利于保证各加工表面的位置精度。

3）自为基准原则。某些精加工工序要求加工余量小且均匀时，选择加工表面本身作为定位基准，称为自为基准原则。

4）互为基准原则。当两个表面的相互位置精度要求很高，且表面自身的尺寸和形状精度又很高时，常采用互为基准反复加工的办法来达到位置精度要求。

2. 加工方法的选择

选择加工方法一般根据零件的经济精度和表面粗糙度来考虑。经济精度和表面粗糙度是指在正常工作条件下，某种加工方法在经济效果良好（成本合理）时所能达到的加工精度和表面粗糙度。正常工作条件是指完好的设备，合格的夹具和刀具，标准职业等级的操作个人，合理的工时定额等。各种加工方法所能达到的经济精度和表面粗糙度可参考有关工艺人员手册。由于满足同样精度要求的加工方法有很多种，所以选择时应考虑以下因素：

1）各个加工表面的技术要求。

2）零件材料。例如，淬火钢的精加工必须采用磨削；有色金属应采用切削加工方法，不宜采用磨削；精度高的铝合金零件加工宜采用高速切削。

3）生产类型。单件小批量生产，一般采用通用设备和通用夹具、量具、刃具，大批量生产则尽可能采用专用设备和专用夹具、量具、刃具。

4）企业现有设备和技术水平。

3. 加工阶段划分

当零件的加工精度要求较高时，通常将整个工艺路线划分为几个阶段，见表2-9。

表2-9 加工阶段的划分

阶段	主要任务	目的
粗加工	切除毛坯上大部分多余的金属	使毛坯在形状和尺寸上接近零件成品，提高生产率
半精加工	使主要表面达到一定的精度，留有一定的精加工余量；并可完成一些次要表面加工，如扩孔、攻螺纹、铣键槽等	为主要表面的精加工（如精车、精磨）做好准备
精加工	保证各主要表面达到规定的尺寸精度和表面粗糙度要求	全面保证加工质量
光整加工	对零件上精度和表面粗糙度要求很高（IT6级以上，表面粗糙度值小于$Ra0.2\mu m$）的表面，需进行光整加工	主要目标是提高尺寸精度、减小表面粗糙度值。一般不用来提高位置精度

划分加工阶段的意义如下：

1）有利于保证加工质量。

2）便于及时发现毛坯缺陷。

3）便于安排热处理工序。

4）可以合理使用设备。

4. 工序的集中与分散

工序集中与工序分散是拟订工艺路线的两个不同的原则，见表2-10。

表2-10 工序集中与工序分散

原则	定义	优点	缺点	适用场合
工序集中	工序集中原则是指加工时每道工序中尽可能多地包括更多的加工内容，从而使总工序数目减少	可以减少工序数目，缩短生产周期，减少了机床设备、工人等投入，也容易保证零件有关表面之间的相互位置精度，有利于采用高生产率设备，生产率高	投资增大，调整和维修复杂，生产准备工作量大	一般情况下，单件、小批量生产宜采用工序集中原则；大批、大量生产可采用工序集中原则，也可以采用工序分散原则。随着数控机床的发展，现代化生产多采用工序集中原则
工序分散	工序分散原则是指加工时加工内容分散到较多工序中进行，每道工序加工内容很少	可以采用简单机床设备和工艺装备，调整容易，对工人技术要求低，生产准备量小，变换产品容易	机床数量多，生产面积大，不利于保证零件表面之间较高的位置精度要求	

5. 加工顺序的确定

（1）机械加工顺序的安排

1）先粗后精。先安排粗加工，后进行半精加工、精加工。

2）基准面先行。先加工出精基准面，再以它定位，加工其他表面。

3）先主后次。先加工主要表面，后加工次要表面。

4）先面后孔。对于箱体零件，一般先加工平面，再以平面为精基准加工孔。

（2）热处理工序的安排 热处理工序在工艺过程中的安排，主要取决于零件的材料和热处理的目的及要求，见表2-11。

表2-11 热处理工序的安排

热处理项目	主要作用	工序安排
正火、退火等	消除毛坯制造时产生的应力，改善切削加工性能	一般安排在机械加工之前
调质、时效等	获得较好的综合力学性能，为后续热处理做好组织准备	一般应安排在粗加工之后、半精加工之前
淬火、渗碳等	提高材料硬度、耐磨性和强度等	一般应安排在半精加工之后、精加工之前
渗氮、镀铬、镀锌等	提高表面硬度、耐磨性、耐蚀性及装饰功能	一般安排在工艺过程的最后

（3）辅助工序的安排　包括去毛刺、倒棱、清洗、防锈、检验等工序。其中，检验工序是辅助工序中最重要的工序。检验工序一般安排在粗加工之后或精加工之前，或者关键工序之后或工件从一个车间转到另一个车间加工前后及工件加工结束后。

（4）数控加工顺序的安排　数控加工顺序的安排除了参照机械加工顺序的安排外，还应考虑以下几点。

1）先近后远原则。所谓先近后远原则，就是指粗加工时，离换刀点近的部分先加工，离换刀点远的部分后加工。这样可以缩短刀具移动距离，减少空行程时间。

2）内外交叉原则。对既有内表面（内型腔）又有外表面需加工的零件，安排加工顺序时，应先进行内、外表面粗加工，后进行内、外表面精加工。加工内、外表面时，通常先加工内型和内腔，然后加工外表面。

3）刀具集中原则。刀具集中就是使用同一把刀加工的部分应尽可能集中加工完后，再换另一把刀加工。这样可以减少空行程和换刀时间。

6. 数控车床进给路线的确定

（1）行程最短原则　加工时，刀具切削行程最短，可以有效提高切削效率，降低刀具损耗。图 2-50 所示为数控车床粗加工时的几种不同切削进给路线的安排示意图。通过对比可以发现，矩形循环进给路线走刀距离总和最短，而且编程较简单，所以可以优先选择矩形走刀路线。

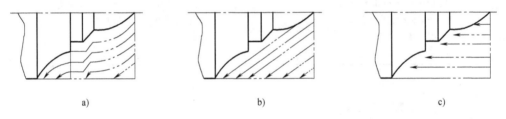

图 2-50　数控车床粗加工进给路线示例

a）沿轮廓循环进给　b）三角形循环进给　c）矩形循环进给

（2）空行程最短原则　图 2-51 所示为采用矩形循环粗加工示例。通过对比可以发现，图 2-51b 比图 2-51a 的刀具空行程路线缩短了，这样就节省了时间，提高了加工效率。

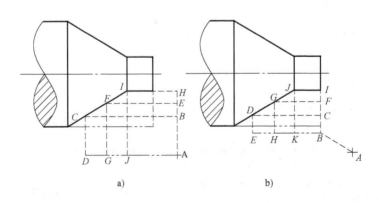

图 2-51　数控车床粗加工空行程最短进给路线示例

（3）数控车床粗加工圆弧加工路线 数控车床加工圆弧常用三种方法，即车圆法、移圆法和车锥法，如图 2-52 所示。车圆法适合于内凹圆弧的加工，移圆法适合于外凸圆弧的加工。车锥法空行程少，但计算较复杂。

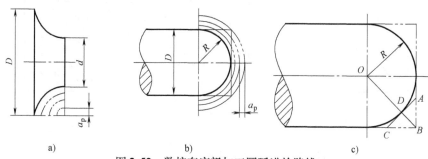

图 2-52 数控车床粗加工圆弧进给路线

a）车圆法 b）移圆法 c）车锥法

注：车锥法计算公式：$BD = OB - OD = \sqrt{2}R - R \approx 0.414R$

$$AB = CB = \sqrt{2}BD \approx 0.586R$$

7. 数控铣床进给路线的确定

（1）铣削内外轮廓的进给路线 如图 2-53 所示，当铣削平面外轮廓时，刀具切入工件应避免沿轮廓法向切入，而应沿外轮廓曲线的延长线切线方向切入，以避免在切入处产生刀具的切痕而影响加工质量。同理，刀具退出时，也应沿外轮廓曲线延长线切线方向退出。铣削内轮廓时，若内轮廓曲线能延长，则应沿切线方向切入切出。若内轮廓曲线不能延长，则刀具只能沿内轮廓曲线法向切入切出。刀具切入切出点应尽量选择内轮廓曲线两几何元素的交点处，如图 2-54 所示。

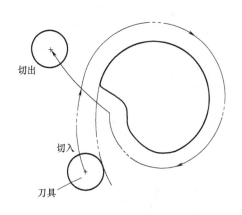

图 2-53 外轮廓加工刀具的切入和切出

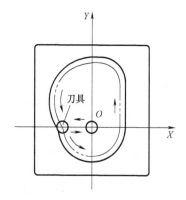

图 2-54 内轮廓加工刀具的切入和切出

当内部几何元素相切无交点时，为防止刀补取消时在轮廓拐角处留下切口，刀具切入、切出点应远离拐角，如图 2-55 所示。

圆弧插补铣削内、外圆时进给路线如图 2-56 所示，铣削时应该从切向切入，当整圆加工完毕后，刀具还应沿切向多运动一段距离，以免取消刀补时，刀具与工件表面接触。

（2）型腔的加工进给路线 如图 2-57 所示，型腔的常见加工进给路线有行切法、环切法和先行切后环切法三种。行切法进给路线较短，但加工表面切削不连续，表面粗糙度值大；环切法可获得较好的表面质量，但进给路线长，生产率低；先行切后环切法兼顾了两者的优点，是最佳方案。

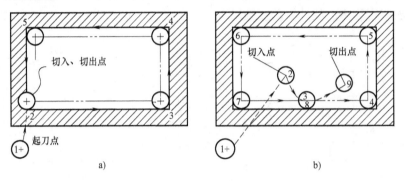

图 2-55　无交点内轮廓加工刀具的切入和切出
a）错误　b）正确

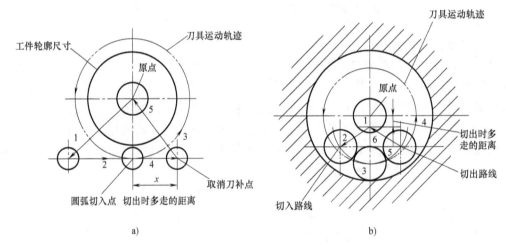

图 2-56　铣内外圆的切入和切出路线
a）铣削外圆的加工路线　b）铣削内孔的加工路线

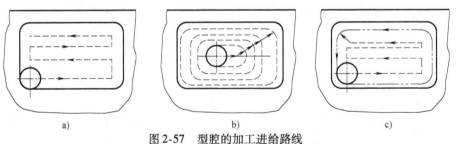

图 2-57　型腔的加工进给路线
a）行切法　b）环切法　c）先行切后环切法

2.6.3　机床和工艺装备的选择及切削用量的确定

1. 机床的选择

一般选择数控机床主要考虑以下因素：

1）数控机床坐标轴行程范围应与工件的轮廓尺寸相适应。

2）数控机床的工作精度与工序的加工精度相适应。

3）数控机床的主轴电动机功率和刚度与工序切削用量相适应。

2. 夹具的选择

一般应优先考虑使用通用夹具和组合夹具，以缩短生产准备时间，提高生产率。当成批生产时，可使用专用夹具。夹具的坐标方向与机床的坐标方向要相对固定，同时要协调零件与机床坐标系的尺寸。

3. 刀具的选择

数控加工要求刀具刚性好、精度高、使用寿命长、安装调整方便。因此，数控机床的刀具应选用适合高速切削的刀具材料，如采用硬质合金刀具或涂层刀具。一般选用标准刀具。结合实际情况，尽可能选用各种先进刀具，如可转位刀具、整体硬质合金刀具、陶瓷刀具等。

4. 量具的选择

数控加工一般采用通用量具，成批生产、大批大量生产一般选用量规和专用量具等。

5. 切削用量的确定

切削用量是切削过程中切削速度、进给量和背吃刀量的总称。数控加工程序中需要给定切削用量，所以在工艺处理中必须正确确定数控加工的切削用量。

1）粗加工阶段的主要任务是切除工件各加工表面的大部分余量，所以在选择粗加工切削用量时，首先根据机床主轴电动机功率，应尽可能选取较大的背吃刀量；再根据机床及刀具等的刚性，选择较大的进给量；最后根据工件材料和刀具材料确定切削速度。

2）精加工阶段的主要任务是保证零件加工质量，所以通常选用较小的背吃刀量来保证加工精度；进给量的选择依据表面粗糙度来选取，表面粗糙度值较小时，一般选取小的进给量；为了避免积屑瘤的形成，硬质合金刀具一般采用较高的切削速度，高速工具钢刀具一般采用较低的切削速度。

2.6.4 数控机床加工工艺文件

数控加工工艺文件是规定数控加工工艺规程和操作方法等信息的工艺文件，这些技术文件既可以指导工人生产，也是产品验收、组织生产的依据，同时还是对产品生产工艺资料的积累和储备。

数控加工工艺文件主要有数控编程任务书、数控加工工序卡、数控加工走刀路线图、数控加工程序单、数控刀具卡片等。数控加工工艺文件尚无统一国家标准，各企业主要根据自身特点制订相应的工艺文件。

1. 数控编程任务书

数控编程任务书主要用于工艺员和编程员之间的交流，其内容阐明了数控加工的工序和主要技术要求以及数控加工应保证的加工余量。实例见表2-12。

2. 数控加工工序卡

数控加工工序卡一般包含每一工步内容，还包含其程序名、所用刀具类型及材料、刀具号、刀具补偿号及切削用量等内容，见表2-13。

表 2-12　数控编程任务书

××机械厂 技术部	数控编程任务书	产品零件编号	02009-01		任务书编号	
		零件名称	长轴		CK-2008402135	
		使用数控设备	CK6140 数控车床		共 1 页　第 1 页	

主要工序及技术要求：1. 数控车削加工零件上各轨迹尺寸的精度达到图样要求，详见产品工艺卡片

2. 技术要求见零件图

编程收到日期		××年×月×日		经手人		×××	
编制	×××	审核	×××	编程	×××	审核	×××	批准	×××

表 2-13　数控加工工序卡

××机械厂	数控加工工序卡	产品名称或代号	零件名称		零件图号		
		CZZ	长主轴		2009402135		
工艺序号	程序名	夹具名称	夹具编号		使用设备	车间	
	OO130/OO140	自定心卡盘			CK6140 数控车床	实训基地	
工步号	工步内容	加工面	刀具号	刀具规格	主轴转速	进给速度	背吃刀量	备注
1	麻花钻加工内孔	内孔						
2	车内孔	内孔	T0200		800		0.5	
3	精加工零件右端内孔	外圆柱面	T0100	$\kappa_r = 90°$	375		1.0	
4	精车零件左端外形有轨迹	外圆柱面	T0100	$\kappa_r = 90°$	375		1.0	
编制	×××	审核	×××	批准	×××	××年×月×日	第 1 页	共 1 页

3. 数控加工走刀路线图

数控加工走刀路线图主要反映刀具走刀路线，应准确描述刀具的运动轨迹，如从哪里下刀，从哪里抬刀，到哪里加工结束等，以便于编程人员根据给定信息编写加工程序，以免出现刀具在运动中意外碰撞。走刀路线图一般用统一的约定符号来表示，见表 2-14。

表 2-14　数控加工走刀路线图

数控加工走刀路线图	零件图号	LWZ-01	工序号	1	工步号	2	程序名	OO010
机床型号	CK6140	程序段号	N10～N80	加工内容	粗车右端外轮廓		共×页	第×页

编程	×××
校对	×××
审批	×××

符号	$\otimes$	◖	⊙	- - →	→		
含义	循环点	编程原点	换刀点	快速走刀方向	进给方向		

4. 数控加工程序单

数控加工程序单主要记录数控机床的程序格式和指令代码等信息，可以帮助操作人员正确理解加工程序内容，也可以记录数控加工工艺参数、位移数据等，见表2-15。

表2-15 数控加工程序单

零件号	02009-01		零件名称	长主轴	编制		×××		审核		×××
程序名			O0140		日期		××年×月×日		日期		××年×月×日
N	G	X(U)	Z(W)	I	K	F	S	T	M	R	说明
N0010	00	41.0	1.0			0.6	375	1	03		1
N0020	01	42.0	0								进2
N0030	01	42.0	-140.0								3
N0040	01	45.0	-14.0.0								退6
N0050	00	100.0	100.0								退出
N0060								4			换4号刀
N0070	00	10.0	1.0								4
N0080	01	10.0	-35.0								进5
N0090	00	100.0	100.0								退出
N0100											

5. 数控刀具卡

数控加工对刀具要求非常严格。刀具卡反映了刀具名称、结构、编号、长度及半径补偿、刀柄、刀片型号及材料等。数控刀具卡是组装刀具和调整刀具的主要依据，见表2-16。

表2-16 数控刀具卡

零件图号		J3102-4		数控刀具卡				使用设备	
刀具名称		麻花钻						XK714	
刀具编号		T03	换刀方式	自动	程序名	O0010			
刀具组成	序号	编号		刀具名称	规格	数量		备注	
	1			麻花钻	ϕ20mm	1			
	2	140-5050027		刀柄	—	1			
	3	T013960		拉钉	—	1			
	4								
	5								

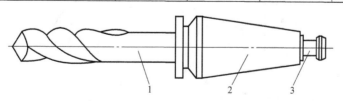

备注							
编制	×××	审核	×××	批准	×××	共×页	第×页

2.6.5 基点的数值计算

1. 基点

零件各几何要素之间的连接点称为基点，如零件轮廓上两条直线的交点、直线与圆弧的交点或切点等，往往作为直线、圆弧插补的目标点，是编写数控程序的重要数据。

2. 基点的计算方法

1）代数计算法和平面几何计算法。利用三角函数、三角形等一些代数和几何知识来计算基点的坐标值，其计算结果准确。若图形简单，计算也比较方便；若图形复杂，往往计算过程繁杂，对编程人员的数学基础要求较高。

2）作图法。借助于 CAXA 电子图板或 AutoCAD 等绘图软件即可查找所需各点坐标。例如，用 CAXA 电子图板进行基点坐标查询，其步骤如下：

① 用 CAXA 电子图板绘出零件图，将工件原点与 CAXA 电子图板软件坐标系原点重合。

② 选用智能捕捉方式，将鼠标移置在各点处，即可从屏幕下方得出各点坐标或选择工具菜单→查询→点坐标，查出各点坐标值。

例：如图 2-58 所示，试利用作图法找出两圆弧切点坐标。

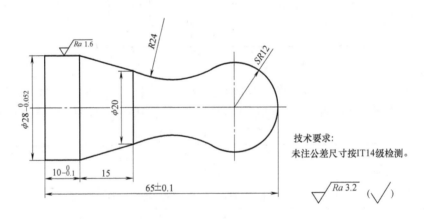

图 2-58　利用作图法求基点坐标示例

解：打开 CAXA 电子图板，画出图 2-59 所示零件图草图，注意绘图软件坐标系与工件原点重合。

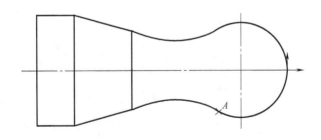

图 2-59　画出零件图草图

如图 2-60 所示，选择工具菜单→查询→坐标点，即可查询出 A 点坐标。

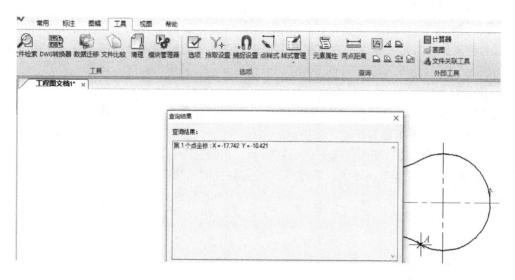

图2-60 利用工具菜单查询坐标值

2.7 典型零件数控加工工艺分析

学习目标

- 掌握常见数控车削零件的工艺分析方法
- 掌握常见数控铣削零件的工艺分析方法
- 会分析中等难度数控零件的加工工艺

2.7.1 螺纹锥轴数控车削加工工艺

图2-61 所示的螺纹锥轴材料为45钢，无热处理和硬度要求，选用 CK6140 数控车床加工，其车削加工工艺分析如下。

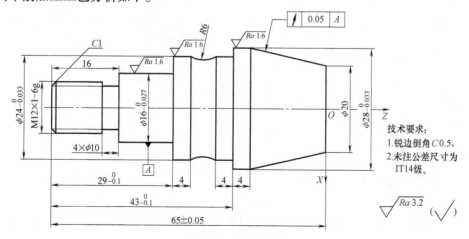

技术要求:
1. 锐边倒角 C0.5。
2. 未注公差尺寸为 IT14级。

图2-61 螺纹锥轴

1. 零件工艺分析

由图 2-61 可知，螺纹锥轴需要加工的有外圆柱面、外槽、外圆锥面、外螺纹和圆弧，结构形状较复杂，且尺寸精度和表面粗糙度要求较高，还有圆跳动公差的要求。在加工批量较小的情况下，毛坯可选择 ϕ30mm 钢棒。

2. 确定装夹方案

工件装夹在自定心卡盘中，用划线盘找正；调头装夹后，用指示表找正。

3. 确定加工顺序和进给路线

应采用调头装夹进行车削，先夹住毛坯外圆，车削左端外圆、螺纹表面；然后调头夹住 ϕ16mm 外圆，车削右端面、外圆、锥面等。调头装夹时，应用指示表找正，以保证位置精度。工艺路线如下：

1）夹住毛坯外圆。

① 车左端面。

② 粗、精车外轮廓。

③ 车螺纹退刀槽。

④ 粗、精车螺纹。

2）调头夹住 ϕ16mm 外圆，找正。

① 车右端面，控制总长。

② 粗、精车外轮廓。

③ 去毛刺。

轮廓粗加工采用外圆粗车循环，R6mm 凹圆弧面采用等圆心法去除粗加工余量；精加工通过编写轮廓程序加工。

4. 选择刀具

粗、精加工外圆轮廓用 90°外圆车刀，切槽用切槽刀，加工螺纹表面用螺纹车刀。因存在 R6mm 凹圆弧，外圆粗、精加工车刀副偏角应足够大，避免副切削刃切削时产生干涉。具体规格、参数见表 2-17。

表 2-17　数控加工刀具卡

产品名称或代号		×××		零件名称	螺纹锥轴	零件图号	SKC6-2
序号	刀具号	刀具名称	数量	加工表面		刀尖半径	刀尖方位
1	T01	90°硬质合金粗车刀	1	粗车外轮廓		0.4mm	3
2	T02	90°硬质合金精车刀	1	精车外轮廓		0.2mm	3
3	T03	硬质合金切槽刀	1	切槽、切断		刀头宽4mm	
4	T04	60°硬质合金螺纹车刀	1	车螺纹		0.2mm	
编制		审核		批准		共 1 页	第 1 页

5. 选择切削用量

（1）背吃刀量的选择　因钢棒直径较细，刚度不足，粗车轮廓时选择 $a_p = 1.5$mm，精车时选择 $a_p = 0.1$mm。

（2）主轴转速的选择　根据手册，选取粗车切削速度 $v_c = 90$m/min，精车切削速度 $v_c = 120$m/min，然后利用公式计算出主轴转速 n，粗车时 $n = 800$r/min，精车时 $n = 1200$r/min。

（3）进给量的选择　粗车时选择每转进给量为 0.2mm，精车时为 0.1mm。

根据前面分析的各项内容，制成数控加工工序卡，见表 2-18、表 2-19。

表 2-18　加工左端轮廓数控加工工序卡

单位名称	×××	产品名称及代号		零件名称	零件图号
		×××		螺纹锥轴	SKC6-2
工序号	程序名	夹具名称	使用设备	数控系统	车间
001	O0062	自定心卡盘	CK6140	发那科 0i-Mate	×××
工步号	工步内容	刀具号	刀具规格/mm	转速 n/(r/min)	进给量 f/(mm/r)	背吃刀量 a_p/mm	备注
1	车端面	T01	20×20	600	0.2	1.5	自动
2	粗车外轮廓留余量 0.2mm	T01	20×20	800	0.2	1.5	自动
3	精车各表面至尺寸	T02	20×20	1200	0.1	0.1	自动
4	车槽 4mm×ϕ10mm 至尺寸	T03	20×20	300	0.08	4	自动
5	粗、精车 M12×1-6g 螺纹至尺寸	T04	20×20	400	1.5		自动
编制		审核		批准		共 1 页	第 1 页

表 2-19　加工右端轮廓数控加工工序卡

单位名称	×××	产品名称及代号		零件名称	零件图号
		×××		螺纹锥轴	SKC6-2
工序号	程序名	夹具名称	使用设备	数控系统	车间
002	O0620	自定心卡盘	CK6140	发那科 0i-Mate	×××
工步号	工步内容	刀具号	刀具规格/mm	转速 n/(r/min)	进给量 f/(mm/r)	背吃刀量 a_p/mm	备注
1	车端面	T01	20×20	600	0.2	1.5	手动
2	粗车外轮廓留余量 0.2mm	T01	20×20	800	0.2	1.5	自动
3	精车各表面至尺寸	T02	20×20	1200	0.1	0.1	自动
编制		审核		批准		共 1 页	第 1 页

2.7.2　十字凹台铣削加工工艺

图 2-62 所示的十字凹台材料为 45 钢，无热处理和硬度要求，选用 XK800 数控铣床加工，其铣削加工工艺分析如下。

1. 零件工艺分析

由图 2-62 可知，十字凹台需要加工的有外轮廓、内轮廓、孔和平面，外轮廓结构较简单，内轮廓形状较复杂，且孔的尺寸精度和表面粗糙度要求较高。毛坯为预制的 80mm × 80mm ×20mm 钢锭，底面及四周表面已提前加工。

2. 确定装夹方案

工件装夹在机用虎钳上，机用虎钳用指示表找正，X、Y 方向用寻边器对刀，Z 方向用对刀仪进行对刀。

3. 确定加工顺序和进给路线

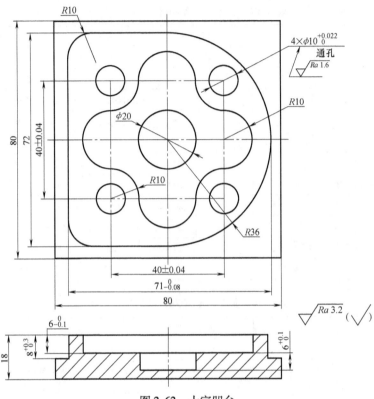

图 2-62　十字凹台

该零件内、外轮廓及孔需要加工。首先粗、精铣坯料上表面，以保证深度尺寸精度；然后粗、精铣削内、外轮廓；最后钻、铰孔。

1）粗、精铣坯料上表面，粗铣余量根据毛坯情况由程序控制，留精铣余量 0.5mm。

2）用 $\phi16$mm 键槽铣刀粗、精铣内、外轮廓和 $\phi25^{+0.1}_{0}$mm 内轮廓。

3）用中心钻钻 $4\times\phi10^{+0.022}_{0}$mm 中心孔。

4）用 $\phi9.7$mm 麻花钻钻 $4\times\phi10^{+0.022}_{0}$mm 孔。

5）用 $\phi10$H8 机用铰刀铰 $4\times\phi10^{+0.022}_{0}$mm 孔。

4. 选择刀具

上表面铣削用面铣刀；内、外轮廓铣削用键槽铣刀铣削；孔加工用中心钻、麻花钻、铰刀，其规格、参数见表 2-20。

表 2-20　数控加工刀具卡

产品名称或代号		×××	零件名称	十字凹台	零件图号	SKX06
序号	刀具号	刀具名称		数量	直径/mm	备注
1	T01	面铣刀		1	$\phi60$	
2	T02	键槽铣刀		1	$\phi16$	
3	T03	中心钻		1	A2	
4	T04	麻花钻		1	$\phi9.7$	
5	T05	机用铰刀		1	$\phi10$H8	
编制		审核		批准		共1页	第1页

5. 选择切削用量

加工钢件，粗加工深度除留有精加工余量外，应进行分层切削。切削速度不可太高，垂直下刀进给量应小，参考切削用量见表2-21。

表2-21 十字凹台数控加工工序卡

单位名称	×××	产品名称及代号		零件名称		零件图号	
		×××		十字凹台		SKX06	
工序号		程序名	夹具名称	使用设备	数控系统		车间
001		O0033	机用虎钳	XK800	发那科 Oi-Mate		×××
工步号	工步内容		刀具号	刀具直径/mm	转速 n/ (r/min)	进给量 f/ (mm/min)	备注
1	粗铣坯料上表面		T01	$\phi60$	500	100	自动
2	精铣坯料上表面		T01	$\phi60$	800	80	自动
3	粗铣外轮廓、内轮廓		T02	$\phi16$	800	100	自动
4	精铣外轮廓、内轮廓		T02	$\phi16$	1200	100	自动
5	钻中心孔		T03	A2	1000	100	自动
6	钻 $4\times\phi10^{+0.022}_{0}$ mm 孔		T04	$\phi9.7$	800	100	
7	铰 $4\times\phi10^{+0.022}_{0}$ mm 孔		T05	$\phi10$ H8	120	100	
编制		审核		批准		共1页	第1页

1. 简述游标卡尺的结构和测量原理。
2. 简述游标卡尺的读数方法。
3. 深度游标卡尺与游标卡尺有何异同之处？
4. 游标万能角度尺的测量原理是什么？
5. 简述千分尺的读数方法。
6. 读出图2-63所示游标卡尺读数。
7. 读出图2-64所示千分尺的读数。
8. 简述螺纹塞规和环规检测螺纹的方法。
9. 数控机床刀具如何分类？数控机床刀具有何特点？
10. 常见刀具材料应具有哪些性能？
11. 常见刀具材料有哪些？各有何特点？各自适合于加工何种材料？
12. 数控车床常见刀具有哪些？各有何用途？
13. 数控铣床常见刀具有哪些？各有何用途？
14. 常见夹具如何分类？
15. 机床夹具有哪些组成部分？机床夹具有何作用？

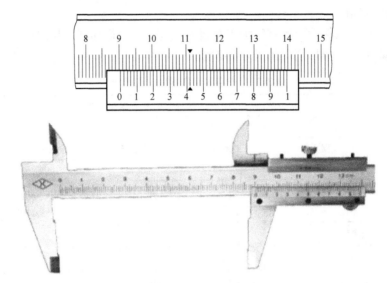

图 2-63　游标卡尺读数练习

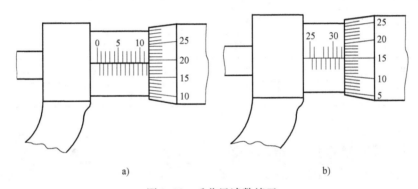

a)　　　　　　　　　　　　　　b)

图 2-64　千分尺读数练习

16. 常见数控车床夹具有哪些？常见数控车床工件装夹方式有哪些？

17. 常见数控铣床夹具有哪些？常见数控铣床工件装夹方式有哪些？

18. 数控程序由哪几个部分组成？

19. 程序段由什么组成？程序字有哪 7 种功能字？

20. 简述 7 种功能字的功能。

21. 数控机床常用 G 指令有哪些？

22. 什么是模态指令？什么是非模态指令？两者之间在功能上有什么区别？

23. G50（G90）指令和 G54 指令在功能上有什么异同之处？

24. 平面选择指令有哪几个？各自对应什么坐标平面？

25. 使用发那科系统的数控车床和数控铣床，绝对值编程和增量编程指令有何不同？

26. 在已学的指令中，机床开机后，数控车床默认的是哪些指令？数控铣床默认的是哪些指令？

27. 常用 M 指令有哪些？各自有何功能？

28. 数控机床加工工艺分析的主要内容是什么？

29. 选择数控加工内容时，一般按照什么原则选取？哪些内容不适合数控机床加工？

30. 数控加工的工艺性分析包含哪些内容？

31. 定位基准分为哪两种？各自有何选择原则？

32. 加工方法的选取一般根据什么来考虑？在选取时，要考虑哪些因素？

33. 工艺路线一般分为哪几个加工阶段？每个阶段重点解决什么问题？划分加工阶段的意义是什么？

34. 什么是工序集中和工序分散原则？拟订工艺路线时如何选择这两个原则？

35. 机械加工顺序应按什么原则安排？

36. 热处理工序应如何安排？

37. 辅助工序应如何安排？

38. 确定数控加工顺序还应考虑哪几点？

39. 数控车床进给路线应如何确定？

40. 数控铣床进给路线应如何确定？

41. 选择数控机床时应考虑哪些因素？

42. 夹具、量具、刀具应如何选择？

43. 切削用量应如何选取？

44. 常见数控机床加工工艺文件有哪些？各自有何用途？

45. 何为基点？基点的计算方法有哪些？

46. 利用作图法，找出图 2-65 中各基点坐标。

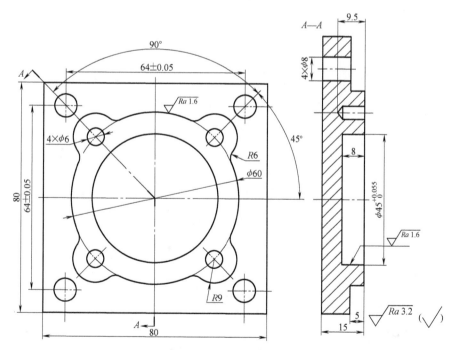

图 2-65 基点坐标练习

47. 简要分析图 2-65 所示零件的数控铣削加工工艺。

48. 简要分析图 2-66 所示零件的数控车削加工工艺。

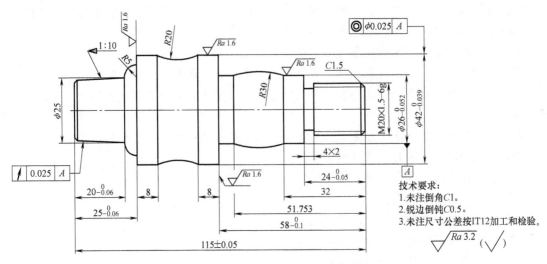

图 2-66　数控车削加工工艺分析练习

第3章

数控车削编程与加工

机械零件的形状各不相同，其中以外圆柱面、外圆锥面、内孔面、螺纹面等构成的回转体为主的轴套类零件较多，这类零件适宜在数控车床上加工。当加工由圆弧或非圆曲线回转而成的成形面、圆锥螺纹、变螺距螺纹等表面时，更能体现数控车床的优势，提高经济效益。本章以 FANUC 0i-Mate-TD 系统为例，系统学习数控车床操作、常用编程指令及汽车中典型车削类零件的编程加工实例等知识，提高相关专业读者的数控车削编程与加工能力。

3.1　数控车床基本操作

 学习目标

- ➲会操作数控车床数控面板和机床控制面板
- ➲会进行手工输入数控程序及编辑数控程序
- ➲会进行外圆车刀的对刀操作
- ➲会进行 MDI 运行、单段运行及程序自动运行等操作
- ➲会查找发那科系统数控车床报警信息并进行处理

3.1.1　数控车床开机、关机操作

数控车床开机前，先检查电压、气压是否正常，各开关、旋钮、按键是否完好，机床有无异常，检查完毕后进行开机操作。关机之前应认真打扫机床，加防锈油并将溜板箱移至 X、Z 方向正向极限位置，操作步骤如下。

1. 数控车床开机操作（表 3-1）

表 3-1　数控车床开机操作

步 序	操作内容	图　示
1	接通机床电源	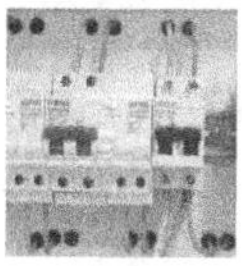

（续）

步 序	操作内容	图 示
2	打开机床电源开关（将机床侧面或背面开关拨至"ON"或"1"位置）	
3	打开机床钥匙开关（有些数控车床无）	
4	按数控系统电源启动按钮（数控车床操作面板中绿色 ON 按钮）	

2. 数控车床关机操作

关机操作与开机操作次序相反，先关闭数控系统电源按钮、关闭机床钥匙开关，再关闭机床电源开关，最后切断机床电源。

3.1.2 数控车床面板功能介绍

数控车床面板由 CRT/MDI 数控操作面板和机床控制面板两部分组成。CRT 液晶显示区包括液晶显示屏和对应的功能软键，MDI 系统键盘包括地址/数据输入键、功能键、光标键等。本节以 FANUC 0i-Mate-TD 为例介绍数控车床面板功能。

1. CRT/MDI 数控操作面板功能

图 3-1 所示为 FANUC 0i-Mate-TD 数控操作面板。

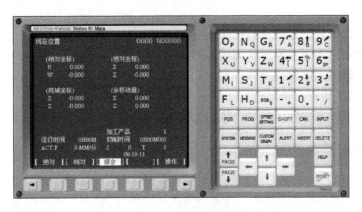

图 3-1　FANUC 0i-Mate-TD 数控操作面板

各键的符号及按键功能见表 3-2。

表 3-2　FANUC 0i-Mate-TD 数控操作面板按键功能

按键或旋钮	键名称及含义
	数字/字母键，用于输入数据。字母和数字键通过 SHIFT（上档）键切换输入，如 O—P，7—A

（续）

按键或旋钮		键名称及含义
编辑键	ALTER	替换键,用输入的数据替换光标所在的数据
	DELETE	删除键,删除光标所在的数据,或者删除一个程序或者删除全部程序
	INSERT	插入键,把输入区内的数据插入到当前光标之后的位置
	CAN	取消键,消除输入区内的数据
	EOB E	回车换行键,结束一段程序的输入并且换行
	SHIFT	上档键,用于切换数字/字母键中的输入字符
页面切换键	PROG	程序显示与编辑页面键
	POS	位置显示页面键,位置显示有三种方式,用 PAGE 按钮选择
	OFFSET SETTING	参数输入页面键,按第一次进入坐标系设置页面,按第二次进入刀具补偿参数页面。进入不同的页面以后,用 PAGE 按钮切换
	SYSTEM	系统参数页面键
	MESSAGE	信息页面键,如"报警"信息
	CUSTM GRAPH	图形参数设置页面键
	HELP	系统帮助页面键
翻页键	↑ PAGE	向上翻页键
	PAGE ↓	向下翻页键

（续）

按键或旋钮		键名称及含义
光标移动键	↑	向上移动光标键
	←	向左移动光标键
	↓	向下移动光标键
	→	向右移动光标键
输入键	INPUT	输入键,把输入区内的数据输入参数页面
	RESET	复位键

2. 机床控制面板

FANUC 0i-Mate-TD 标准机床控制面板如图 3-2 所示。主要用于控制机床的运动和选择机床运行状态,由模式选择旋钮、数控程序运行控制开关等多个部分组成,每一部分的详细说明见表 3-3。

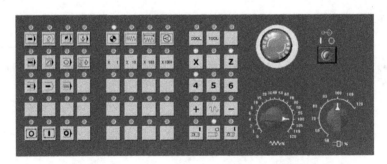

图 3-2　FANUC 0i-Mate-TD 标准机床控制面板

表 3-3　FANUC 0i-Mate-TD 机床控制面板按键功能

按键或旋钮	键名及含义
→	AUTO(MEM)键(自动模式键):进入自动加工模式
◇	EDIT 键(编辑键):用于直接通过操作面板输入数控程序和编辑程序
✋	MDI 键(手动数据输入键):用于直接通过操作面板输入数控程序和编辑程序
⬇	文件传输键:通过 RS232 接口把数控系统与计算机相连并传输文件
●	REF 键(回参考点键):通过手动回机床参考点

（续）

按键或旋钮	键名及含义
	JOG 键（手动模式键）：通过手动连续移动各轴
	INC 键（增量进给键）：手动脉冲方式进给
	HANDEL 键（手轮进给键）：按此键切换成手摇轮移动各坐标轴
COOL	切削液开关键：按下此键，切削液开
TOOL	刀具选择键：按下此键在刀库中选刀
	SINGL 键（单段执行键）：自动加工模式和 MDI 模式中，单段运行
	程序段跳键：在自动模式下按此键，跳过程序段开头带有"/"程序
	程序停键：自动模式下，遇有 M00 指令程序停止
	程序重启键：由于刀具破损等原因自动停止后，程序可以从指定的程序段重新启动
	程序锁开关键：按下此键，机床各轴被锁住
	空运行键：按下此键，各轴以固定的速度运动
	机床主轴手动控制开关键：手动模式下按此键，主轴正转
	机床主轴手动控制开关键：手动模式下按此键，主轴停
	机床主轴手动控制开关键：手动模式下按此键，主轴反转
O	循环（数控）停止键：数控程序运行中，按下此键停止程序运行
	循环（数控）启动键：在"AUTO"或"MDI"工作模式下按此键自动加工程序，其余时间按下无效
X	X 轴方向手动进给键
Z	Z 轴方向手动进给键
+	正方向进给键
	快速进给键：手动方式下，同时按住此键和一个坐标轴点动方向键，坐标轴以快速进给速度移动
−	负方向进给键

（续）

按键或旋钮	键名及含义
X 1	选择手动移动(步进增量方式)时每一步的距离键,X1 为 0.001mm
X 10	选择手动移动(步进增量方式)时每一步的距离键,X10 为 0.01mm
X 100	选择手动移动(步进增量方式)时每一步的距离键,X100 为 0.1mm
X 1000	选择手动移动(步进增量方式)时每一步的距离键,X1000 为 1mm
	程序编辑开关:置于"ON"或"1"位置,可编辑程序
	进给速度(F)调节旋钮:调节进给速度,调节范围从 0～120%
	主轴转速调节旋钮:调节主轴转速,调节范围从 50%～120%
	紧急停止按钮:按下此按钮,可使机床和数控系统紧急停止,旋转可释放
	手持式操作器(手摇轮): 1)左上侧旋钮为功能选择旋钮,选择所需移动的轴,OFF 为关闭手轮模式 2)右上侧为步距选项旋钮,可选择 0.001×1(mm)、0.001×10(mm)、0.001×100(mm)的进给速度 3)下方为手摇轮,顺时针旋转手摇轮,各坐标轴正向移动;逆时针旋转手摇轮,各坐标轴负向移动 (机床移动轴由功能旋钮确定,机床移动速度由步距选项旋钮确定)

3.1.3 数控车床手动操作和回参考点操作

数控车床手动操作主要用于试切削、回参考点、对刀等,工作方式按钮为 （JOG 键)。

1. 手动方式起动主轴

按下手动工作方式键（JOG 键),按下主轴正转控制开关,主轴便以机床设定的转速正转;按下主轴反转控制开关,主轴便以机床设定的转速反转;按下主轴停止控制开关,主轴便停止转动。

2. 手动方式移动刀具

按下手动工作方式键（JOG 键),再分别按下 + X、+ Z、- X、- Z 键,刀具便沿 + X、

$+Z$、$-X$、$-Z$方向移动，移动速度可以通过进给速度调节旋钮调节，若同时按 （快速进给键），则刀具以加快速度移动，移动刀具时，应注意刀具不要碰至工件、主轴、尾座等，防止发生意外事故。

3. 手摇轮方式移动坐标轴

按下手动工作方式键（JOG 键），再按手摇轮键（HANDLE），可以通过手摇轮实现刀具沿 $+X$、$+Z$、$-X$、$-Z$方向以各种进给速度要求的移动，方法见手摇轮功能。

4. 回参考点操作

数控车床开机后一般都需要进行手动回参考点操作，操作步骤见表 3-4。

表 3-4　数控车床手动回参考点操作

步序	操作内容	图　示
1	选择回参考点（REF）工作方式	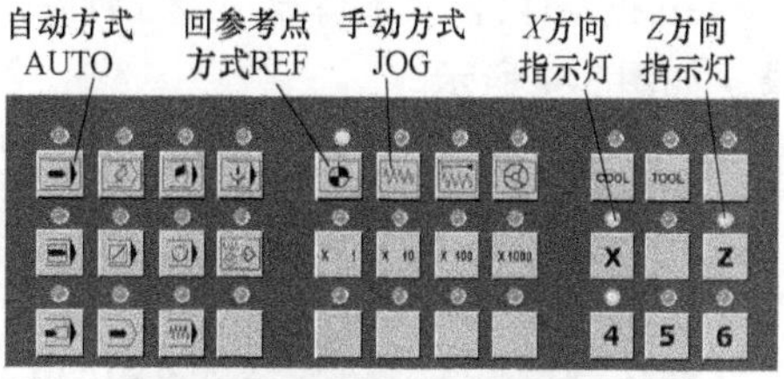
2	先按住 +X 方向键，直至参考点指示灯亮，屏幕 X 轴机械坐标显示为 0	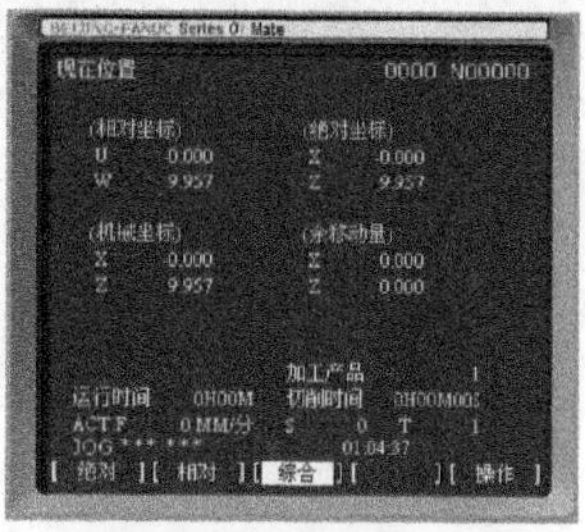
3	再按住 +Z 方向键，直至参考点指示灯亮，屏幕 Z 轴机械坐标显示为 0	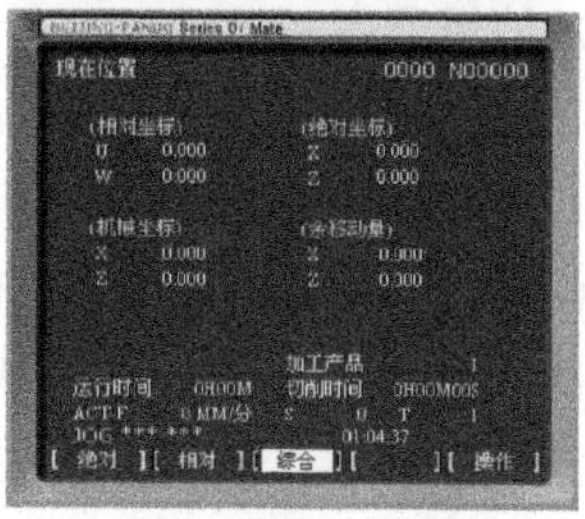
4	按 JOG、AUTO 或 MDI 模式键，结束回参考点方式	见步序 1 回参考点工作方式图示

回参考点前，若刀具已在参考点位置，则手动反方向移动刀具至一定距离再进行回参考点操作，当数控机床出现以下几种情况时，应重新回机床参考点。

1）机床关机以后重新接通电源开关。

2）机床解除紧急停止状态以后。

3）机床超程报警信号解除之后。

4）空运行之后。

3.1.4 数控程序的输入与编辑

编写好的数控程序必须输入到机床数控系统中，输入方法有多种，此处仅介绍通过数控面板输入程序。输入程序前先输入程序名，然后输入程序内容；编辑数控程序是指编辑已经输入到数控系统中的程序。

（1）输入程序 步骤如下：

① 按 EDIT 键 ，选择编辑工作模式。

② 按程序键 ，显示程序画面或程序目录画面，如图 3-3、图 3-4 所示。

③ 输入新程序名，如 "O0003"。

④ 按输入键 ，开始输入程序。

⑤ 按 → 键，换行后继续输入程序，如图 3-3 所示。

⑥ 按 CAN 可依次删除输入区最后一个字符，按 DIR 软键可显示数控系统中已有程序目录，如图 3-4 所示。

图 3-3 发那科系统程序编辑窗口

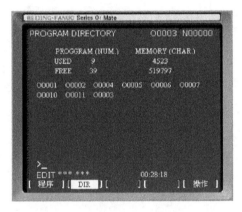

图 3-4 发那科系统程序目录窗口

（2）编辑程序

1）查找与打开程序，步骤如下：

① 按 EDIT 键 或 MEM 键 ，使机床处于编辑或自动工作模式下。

② 按程序键 ，显示程序画面。

③ 按［程序］软键，按［操作］软键，出现 O 检索。

④ 按［O 检索］软键，便可依次打开存储器中的程序。

⑤ 输入程序名如 "O0003"，按［O 检索］软键便可打开该程序。

⑥ 输入程序名后，按光标向下移动键 也可打开该程序。

2）删除程序，步骤如下：

① 按 EDIT 键 ，使机床处于编辑工作模式下。

② 按程序键 ，显示程序画面。

③ 输入要删除的程序名。

④ 按删除键 ，即可把该程序删除掉。

⑤ 如输入 "0-9999"，再按删除键 ，可删除所有程序。

3）查找程序字，步骤如下：

打开程序，并处于 EDIT（编辑）工作模式下。

① 按光标键 ← →，光标向前或向后一个字一个字地移动，光标显示在所选的字上。

② 按光标键 ↑ ↓，光标检索上一程序段或下一程序段的第一个字。

③ 按翻页键 PAGE↓，显示下一页，并检索该页中第一个字。

④ 按翻页键 ↑PAGE，显示前一页，并检索该页中第一个字。

4）插入程序字，步骤如下：

① 打开程序，并处于 EDIT(编辑)工作模式下。

② 查找字要插入的位置。

③ 输入要插入的字。

④ 按 INSERT 键即可。

5）替换程序字，步骤如下：

① 打开程序，并处于 EDIT(编辑)工作模式下。

② 查找将要被替换的字。

③ 输入替换的字。

④ 按 ALERT 键即可。

6）删除程序字，步骤如下：

① 打开程序，并处于 EDIT(编辑)工作模式下。

② 查找到将要删除的字。

③ 按 DELETE 键即可删除。

3.1.5　MDI 运行与对刀操作

1. MDI 运行

MDI 手动数据输入运行方式用以测试简单、较短的程序，一般最多可运行 10 段程序，程序输入步骤如下：

① 使机床运行于 MDI（手动输入）工作模式。

② 按程序键 PROG，出现图 3-5 所示的画面。

③ 按［MDI］软键，自动出现加工程序名"O0000"。

④ 依次输入测试程序。

⑤ 按程序编辑方式可进行程序内容的编辑。

2. 对刀操作

数控机床开机回参考点后，建立了机床坐标系，刀具可在机床坐标系中运行，而编程时为方便数值计算和编写程序，通常在工件或零件图上建立工件坐标系，工件装夹在数控车床上，为使编程的程序自动运行加工，必须进行对刀操作，将工件坐标系原点在机床坐标系中的位置输入数控系统存储器中才行。

数控车床可以通过 G54、G55 等工件坐标系指

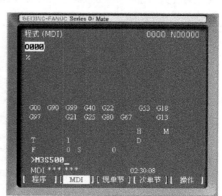

图 3-5　发那科系统 MDI 程序输入界面

令和使用刀具长度补偿两种方法对刀，通常采用刀具长度补偿对刀，对刀时通过试切法将工件原点在机床坐标系中位置测出并输入到刀具长度补偿号中，对刀前将基本工件坐标系EXT中数值清零。以外圆车刀为例，对刀时选择工件右端面中心点为工件坐标系原点，刀尖为编程与对刀刀位点，对刀操作如下。

（1）刀具 Z 方向对刀　MDI 模式下输入"M3 S400"指令，按数控启动键 ，使主轴正转。切换成手动（JOG）模式，移动刀具车削工件右端面，再按 +X 键退出刀具（刀具 Z 方向位置不能移动），如图 3-6 所示。然后进行面板操作，面板操作步骤见表 3-5。

（2）刀具 X 方向对刀　MDI 模式下输入"M3 S400"指令，按数控启动键 ，使主轴正转。切换成手动（JOG）模式，移动刀具车削工件外圆（长 2~5mm），再按 +Z 键退出刀具（刀具 X 方向位置不能移动），如图 3-7 所示。停车测量车削外圆直径，然后进行面板操作，面板操作步骤见表 3-5。

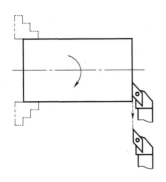

图 3-6　刀具 Z 方向对刀

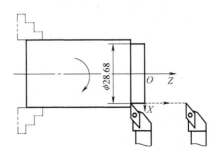

图 3-7　刀具 X 方向对刀

表 3-5　外圆车刀长度补偿对刀操作步骤

Z 方向对刀面板操作步骤	X 方向对刀面板操作步骤
①按参数键（OFFSET），出现画面如图 3-8 所示 ②按软键[补正]，出现画面如图 3-9 所示 ③光标移至该刀具号的 Z 轴数据处 ④按软键[操作]，出现画面如图 3-10 所示 输入刀具在工件坐标系中 Z 坐标值，此处为 Z0，按软键[测量]，完成 Z 轴对刀	①按参数键（OFFSET），出现画面如图 3-8 所示 ②按软键[补正]，出现画面如图 3-9 所示 ③光标移至该刀具号的 X 轴数据处 ④按软键[操作]，出现画面如图 3-10 所示 输入刀具在工件坐标系中 X 坐标值（直径），此处为 X28.68，按软键[测量]，完成 X 轴对刀

图 3-8　刀具补正窗口

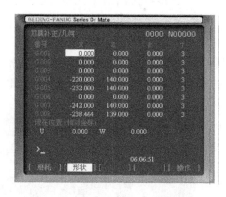

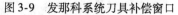

图 3-9 发那科系统刀具补偿窗口

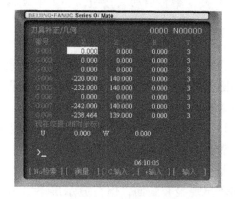

图 3-10 发那科系统刀具补偿操作显示窗口

（3）对刀验证 对刀结束后，Z 轴方向和 X 轴方向分别验证对刀操作是否正确。X 轴方向验证对刀时，应使刀具 Z 方向离开工件；Z 轴方向验证对刀时，应使刀具在 X 方向离开工件，防止刀具移动中撞到工件，验证步骤见表 3-6。

表 3-6 外圆车刀对刀验证操作步骤

Z 方向对刀验证操作步骤	X 方向对刀验证操作步骤
① JOG(手动)方式使刀具 X 方向离开工件 ②使机床运行于 MDI(手动输入)工作模式 ③按程序键 PROG ④按[MDI]软键，自动出现加工程序名"O0000"，如图 3-5 所示 ⑤输入测试程序"G00 T0101 Z0;"(或"G01 T0101 Z0 M3 S300 F2";)，刀具应装在刀架 1 号位置 ⑥按数控启动键，运行测试程序 程序运行结束后，观察刀具刀尖是否与工件右端面处于同一平面，若"是"则对刀正确；若"不是"则对刀操作不正确，查找原因，重新对刀	① JOG(手动)方式使刀具 Z 方向离开工件 ②使机床运行于 MDI(手动输入)工作模式 ③按程序键 PROG ④按[MDI]软键，自动出现加工程序名"O0000"，如图 3-5 所示 ⑤输入测试程序"G00 T0101 X0;"(或"G01 T0101 X0 M3 S300 F2";)，刀具应装在刀架 1 号位置 ⑥按数控启动键，运行测试程序 程序运行结束后，观察刀尖是否处于工件轴心线上，若"是"则对刀正确；若"不是"则对刀操作不正确，查找原因，重新对刀

3.1.6 单段加工与自动加工

1. 单段加工

单段加工即按"数控启动"按钮后只执行一段程序便停止，再按"数控启动"按钮，再执行一段程序，如此一段一段地执行程序，便于仔细检查和校验程序，用于 MDI 和自动加工模式。一般首次进行零件加工，尽可能采用单段加工。

设置方法：按数控面板上单段运行按钮，单段运行指示灯亮，再按一次单段运行按钮，可取消单段运行。

2. 自动加工

首件加工后的零件一般都采用自动加工，以提高生产率。零件自动加工步骤如下：

① 在 EDIT 模式下调出程序。

② 切换成 AUTO 自动加工方式，调小进给倍率。

③ 按"数控启动"按钮，加工中观察切削情况，逐步将进给倍率调至适当位置。

3.1.7 数控车床报警与处理

当数控车床出现故障、操作失误或程序错误时，数控系统就会报警，出现报警画面（或报警信息 ALM 显示），机床将停止运行；数控机床报警后应查找报警原因并加以消除才能继续进行零件加工。

1）发那科系统报警画面。当发那科系统出现报警时，报警画面显示报警信息，如图 3-11 所示，报警信息由错误代码＋编号及报警原因组成，有时不出现报警画面，但在显示屏下方有 ALM 显示，按信息功能键 ，显示报警画面。

2）报警履历。发那科系统有多达 50 个最近发生的 CNC 报警被存储起来并显示在报警画面上，操作步骤如下：

① 按信息功能键 出现报警画面。

② 按 [履历] 软键，画面上显示报警履历。

图 3-11 发那科系统报警显示界面

报警履历内容包括：报警发生的日期和时刻、报警类别、报警号、报警信息和存储报警件数等。若要删除记录的报警信息，按 [操作] 软键，然后再按 [DELETE] 软键。

③ 翻页键进行换页，查找其他报警信息。

3）报警处理及报警画面切换。根据报警原因或查阅发那科系统说明书中报警一览表，消除引起报警的原因，然后按复位键。处于报警画面时，通过清除报警或按下信息功能键 返回到显示报警画面前所显示的画面。

4）常见报警情况、原因分析及处理方法见表 3-7。

表 3-7　数控车床常见报警情况、原因及处理方法

序号	报警类型	报警情况、原因及处理方法
1	回参考点失败	原因：回参考点时，方向选择错误、回参考点起点太靠近参考点或紧急停止按钮被按下等 处理方法：释放紧急停止按钮、按复位键后重回参考点
2	X、Z 方向超程	原因：手动移动各坐标轴过程中或编写程序时，刀具移动位置超出 $+X$、$+Z$ 或 $-X$、$-Z$ 极限开关 处理方法：手动(JOG)方式下，反方向移动该坐标轴或修改程序中 X、Z 数据
3	操作模式错误	原因：在前一工作模式未结束的情况下，启用另一工作模式 处理方法：按复位键后，重新启用新的工作模式
4	程序错误	原因：非法 G 代码、指令格式错误、数据错误等 处理方法：修改程序
5	机床硬件故障	原因：机床限位开关松动、接触器跳闸、变频器损坏等 处理方法：修理机床硬件

3.2 数控车床编程指令

学习目标

- ◉掌握发那科数控车床常用编程指令格式及应用
- ◉掌握发那科数控车床常用循环指令格式及应用
- ◉掌握发那科系统子程序及应用

3.2.1 G00 快速点定位指令及应用

快速点定位 G00 指令是指刀具以机床规定的快速移动速度从所在位置移动到目标点位置。指令格式、参数含义及使用说明见表3-8。

表3-8 G00 指令格式、含义及使用说明

类别	内 容
指令格式	G00 X_ Z_ ;
参数含义	X、Z 为目标点坐标
示例程序	G00 X30.0 Z5.0； 指刀具快速移动到坐标为(30,5)位置
指令使用说明	1)G00 指令刀具移动速度由机床规定,无需在程序段中指定 2)G00 指令为模态有效代码,一经使用持续有效,直到被同组代码(G01、G02 等)取代为止 3)G00 指令移动速度快,只能使用在空行程或退刀场合,以缩短时间,提高效率 4)G00 指令目标点不能设置在工件表面,应距离工件表面有 2～5mm 的安全距离,且在移动过程中不能碰到机床、夹具等,如图 3-12 所示

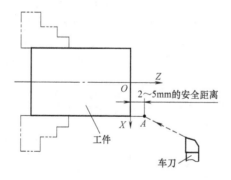

图 3-12 刀具快速移动时安全距离

3.2.2 G01 直线插补指令及应用

直线插补 G01 指令指刀具以编程指定的进给速度移动到目标点。指令格式、参数含义及使用说明见表3-9。

表 3-9　G01 指令格式、含义及使用说明

类 别	内　　容
指令格式	G01　X_ Z_ F_;
参数含义	X、Z 为直线插补目标点坐标,F 为直线插补进给速度
示例程序	G01　X20.0　Z-5.0　F0.2; 指刀具以 0.2mm/r 的移动速度直线插补到点坐标为(20,-5)位置
指令使用说明	1)G01 指令用于零件切削加工,加工中必须指定刀具进给速度,且一段程序中只能指定一个进给速度 2)G01 指令移动速度较慢,空行程或退刀过程中用此指令则走刀时间长,效率低 3)G01 指令为模态有效代码,一经使用持续有效,直至被同组代码(G00、G02 等)取代为止

3.2.3　G02/G03 圆弧插补指令及应用

圆弧插补指令是使刀具按给定的进给速度沿圆弧方向进行切削加工。圆弧插补指令代码、插补方向判别、指令格式及参数含义见表 3-10。

表 3-10　圆弧插补指令代码、插补方向判别、指令格式及参数含义

类别	内　　容	
指令代码	G02(或 G2):顺时针圆弧插补 G03(或 G3):逆时针圆弧插补	
顺、逆时针插补方向判别	判别原则:从不在圆弧插补平面的坐标轴正方向往负方向看,顺时针用 G02,逆时针用 G03 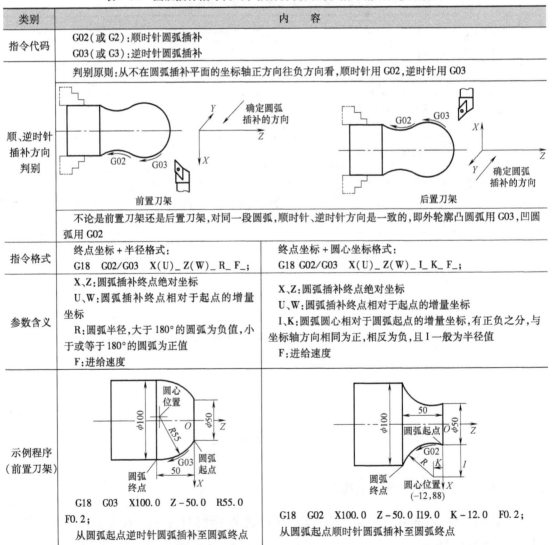 不论是前置刀架还是后置刀架,对同一段圆弧,顺时针、逆时针方向是一致的,即外轮廓凸圆弧用 G03,凹圆弧用 G02	
指令格式	终点坐标 + 半径格式: G18　G02/G03　X(U)_ Z(W)_ R_ F_;	终点坐标 + 圆心坐标格式: G18 G02/G03　X(U)_ Z(W)_ I_ K_ F_;
参数含义	X、Z:圆弧插补终点绝对坐标 U、W:圆弧插补终点相对于起点的增量坐标 R:圆弧半径,大于 180°的圆弧为负值,小于或等于 180°的圆弧为正值 F:进给速度	X、Z:圆弧插补终点绝对坐标 U、W:圆弧插补终点相对于起点的增量坐标 I、K:圆弧圆心相对于圆弧起点的增量坐标,有正负之分,与坐标轴方向相同为正,相反为负,且 I 一般为半径值 F:进给速度
示例程序 (前置刀架)	G18　G03　X100.0　Z-50.0　R55.0 F0.2; 从圆弧起点逆时针圆弧插补至圆弧终点	G18　G02　X100.0　Z-50.0 I19.0　K-12.0　F0.2; 从圆弧起点顺时针圆弧插补至圆弧终点

3.2.4 直线、圆弧过渡指令及应用

直线、圆弧过渡指令用于零件拐角处的倒角、倒圆，可简化程序结构，其指令格式及参数含义见表3-11。

表3-11 直线、圆弧过渡指令格式及参数含义

类 别	直线过渡	圆弧过渡
指令格式	G01 X_ Z_ F_, C_;	G01 X_ Z_ F_, R_;
示 例	直线与直线间直线过渡： N20 G01 X40.0 Z50.0 F0.2,C7; N30 X30.0 Z85.0;	直线与直线间圆弧过渡： N20 G01 X16.0 Z18.0 F0.2, R10; N30 X12.0 Z35.0;
	直线与圆弧间直线过渡： N20 G01 X16.0 Z18.0 F0.2, C3; N30 G03 X10.0 Z32.0 R9;	直线与圆弧间圆弧过渡： N20 G01 X16.0 Z18.0 F0.2, R5; N30 G03 X10.0 Z36.0 R12;
使用说明	1）指令格式中 X、Z 坐标是指两轮廓线（直线与直线、直线与圆弧）间虚拟交点 P2 点的坐标值 2）格式中 C 表示从虚拟交点到拐角起点或终点的距离；格式中的 R 表示倒圆部分圆弧半径，该圆弧与两轮廓线相切 3）倒角、倒圆指令不仅可用于直线与直线、直线与圆弧之间的过渡，也可用于圆弧与直线、圆弧与圆弧之间的过渡 4）倒角、倒圆指令只能在（G17、G18）指定平面内执行，在平面切换过程中，不能指定倒角或倒圆 5）如果连续超过 3 个程序段不含移动指令，则不能进行倒角或倒圆 6）不能进行任意角度倒角或拐角圆弧过渡	

3.2.5 G90 直线切削循环指令及应用

直线切削循环指令（G90）可以完成内、外圆柱面，以及内、外圆锥面从起点到终点的切削动作循环，以简化程序编写。加工内、外圆柱面的指令格式、参数含义及使用说明见表3-12。加工内、外圆锥面的指令格式、参数含义及使用说明见表3-13。

表 3-12 G90 加工内、外圆柱面指令格式、参数含义及使用说明

类别	内　容
指令格式	G90　X(U)＿ Z(W)＿ F＿;
参数含义	X、Z:纵向切削终点绝对坐标值 U、W:至纵向切削终点的移动量(纵向切削终点相对于循环起点的增量坐标) F:切削进给速度
切削循环动作 次序图示	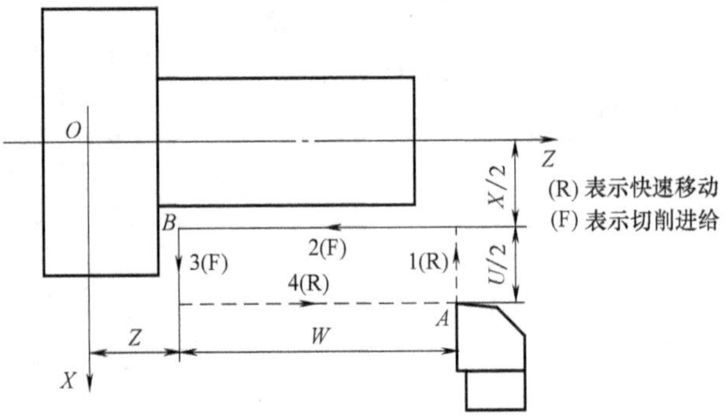 (R) 表示快速移动 (F) 表示切削进给
使用说明	1)图示中 A 点为循环起点,B 点为纵向切削终点;由刀具起点和终点坐标确定内、外圆柱面 2)G90 模态有效代码;取消时,需指定 G90、G92、G94 指令以外的 01 组 G 代码,如 G01、G02、G03、G32 等 3)在单段方式下,按一次数控启动按钮,将执行 1～4 四个动作
示例程序	加工直径为 φ30mm,长 40mm 外圆,毛坯直径为 φ35mm,以工件右端面中心点为工件坐标系原点,起刀点位置(4,40),如图所示 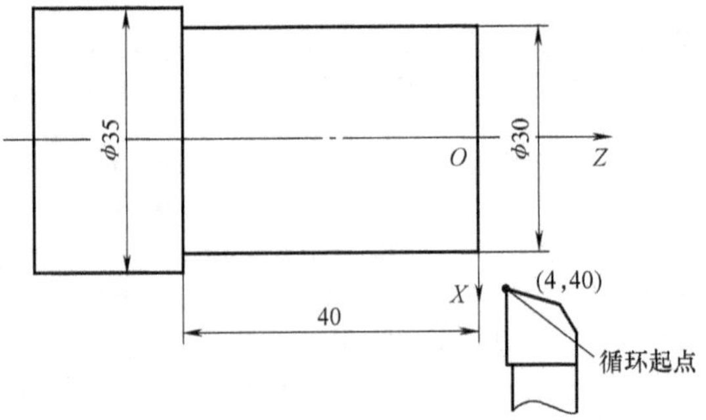 (绝对尺寸编程)　　　　　　　　　　(增量尺寸编程) N10　G00　X40.0　Z4.0;　　　　　N10　G00　X40.0　Z4.0; N20　G90　X30.0　Z－40.0　F0.2;　　N20　G90　U－10.0　W－44.0　F0.2;

表 3-13　G90 加工内、外圆锥面指令格式、参数含义及使用说明

类　别	内　　容
指令格式	G90 X(U) _ Z(W) _ R _ F_ ;
参数含义	X、Z:纵向切削终点绝对坐标值 U、W:至纵向切削终点的移动量(纵向切削终点相对于循环起点的增量坐标) R:锥度量,即圆锥大、小端直径差的 1/2,有正负规定 F　:切削进给速度
切削循环动作次序图示	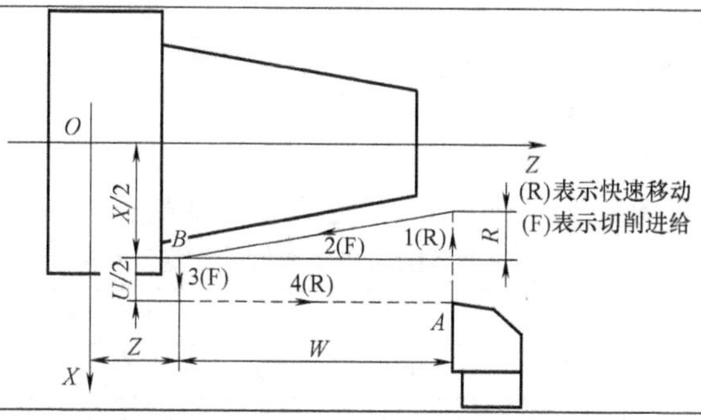
使用说明	1)图示中,A 点为循环起点,B 点为纵向切削终点;由刀具起点和终点坐标确定内、外圆锥面 2)G90 为模态有效代码;取消时,需指定 G90、G92、G94 指令以外的 01 组 G 代码,如 G01、G02、G03、G32 等 3)在单段方式下,按一次循环启动按钮,执行 1~4 四个动作
锥度量 R 正负规定	车削外圆锥 $U<0,W<0,R<0$　　　　　　$U<0,W<0,R>0$ 右小左大的外圆锥,R 值为负,反之为正 车削内圆锥 $U>0,W<0,R<0$　　　　　　$U>0,W<0,R>0$ 右小左大的内圆锥,R 值为正,反之为负
示例程序	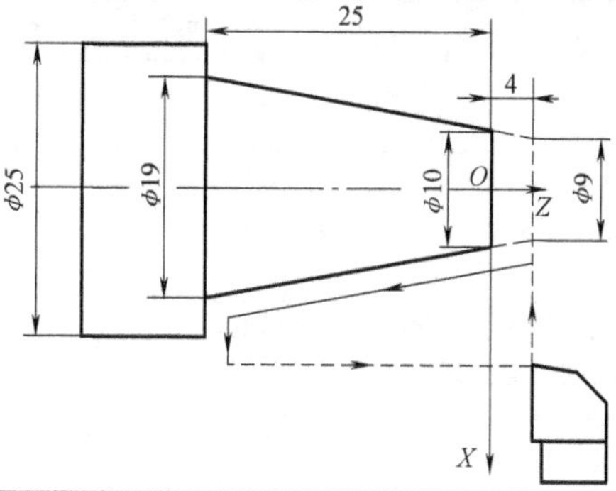 参考程序: … N30　G00　X30.0　Z4.0;　刀具移至循环起点 N40　G90　X27.0　Z-25.0　R-5.0　F0.2;　第一次车削 N50　G90　X23.0　Z-25.0　R-5.0　F0.2;　第二次车削 N60　G90　X19.0　Z-25.0　R-5.0　F0.2;　第三次车削

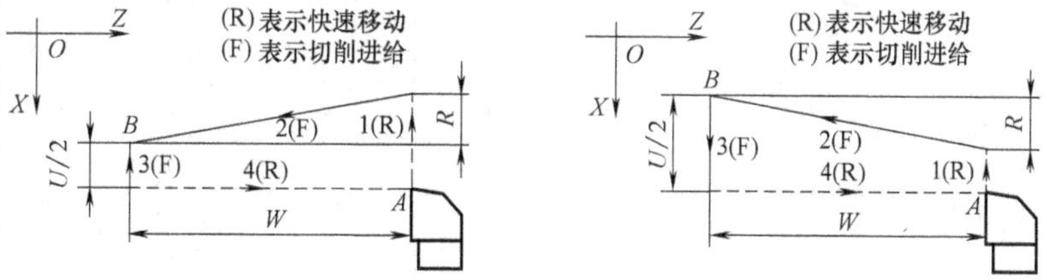

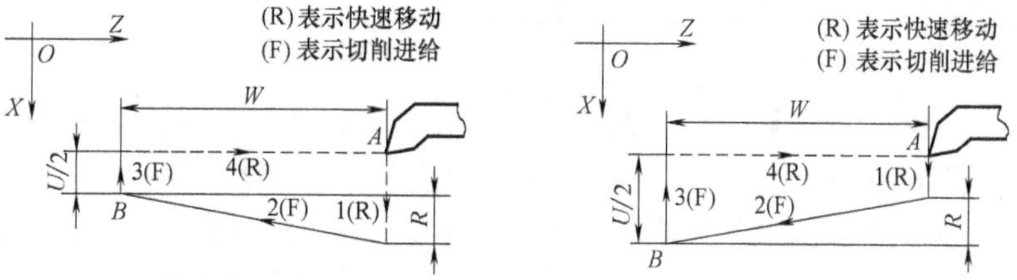

3.2.6 G32 等螺距螺纹加工指令及应用

G32 等螺距螺纹加工指令用于加工螺距固定不变的螺纹,可以加工内、外圆柱螺纹及内、外圆锥螺纹,加工时由于切入量较大,需多次进刀切削,进刀方式有直进法、斜进法和左右切削法,一般螺距较小的螺纹采用直进法进刀,刀具越接近螺纹牙根,切削面积越大,故每次进刀的深度应越来越小,如图 3-13 所示。

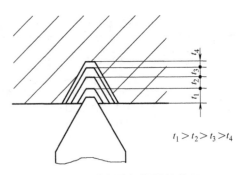

$t_1 > t_2 > t_3 > t_4$

图 3-13 车螺纹切深量的分配

车削常见螺距的螺纹走刀次数及背吃刀量可参照表 3-14 进行确定。

表 3-14 车削常用螺距的螺纹走刀次数及背吃刀量　　　　　　　（单位：mm）

		米 制 螺 纹						
螺距		1	1.5	2	2.5	3	3.5	4
牙深(半径值)		0.65	0.975	1.3	1.625	1.95	2.275	2.6
切深量(直径值)		1.3	1.95	2.6	3.25	3.9	4.55	5.2
走刀次数及每次背吃刀量（直径值）	1	0.7	0.8	0.8	1.0	1.2	1.5	1.5
	2	0.4	0.5	0.6	0.7	0.7	0.7	0.8
	3	0.2	0.5	0.6	0.6	0.6	0.6	0.6
	4		0.15	0.4	0.4	0.4	0.6	0.6
	5			0.2	0.4	0.4	0.4	0.4
	6			0.15	0.4	0.4	0.4	
	7				0.2	0.2	0.4	
	8					0.15	0.3	
	9						0.2	

注：螺距为 1.25mm、1.75mm 的螺纹及其他非标准螺距螺纹参照上表分配走刀次数及切深量。

为保证切入切出部分螺纹导程不变,需设置空刀导入量和空刀导出量。取空刀导入量 $\delta_1 = 2 \sim 5$mm;空刀导出量 δ_2 应小于螺纹退刀槽宽度,一般取 $\delta_2 = 0.5\delta_1$。

加工圆柱螺纹指令格式及参数含义见表 3-15。加工圆锥螺纹指令格式及参数含义见表 3-16。

表 3-15 G32 加工圆柱螺纹指令格式及参数含义

类 别	内　　　容
圆柱螺纹切削指令格式	G32　Z(W)＿F＿;
参数含义	Z:圆柱螺纹终点绝对坐标 W:圆柱螺纹终点相对于起点的增量坐标 F:螺纹导程
使用说明	1)螺纹切削起点与终点 X 坐标一致,即车圆柱螺纹时 X 坐标不变 2)螺纹切削中进给速度倍率无效,被固定在 100% 3)螺纹切削中,主轴倍率无效,被固定在 100% 4)螺纹切削中,进给暂停功能无效

（续）

类别	内　容
示例	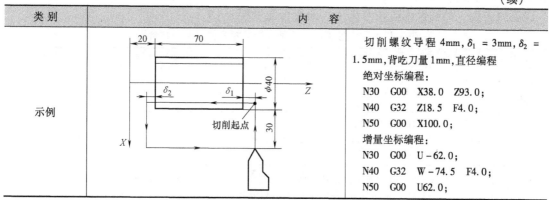 切削螺纹导程 4mm，$\delta_1 = 3$mm，$\delta_2 = 1.5$mm，背吃刀量1mm，直径编程 绝对坐标编程： N30　G00　X38.0　Z93.0； N40　G32　Z18.5　F4.0； N50　G00　X100.0； 增量坐标编程： N30　G00　U−62.0； N40　G32　W−74.5　F4.0； N50　G00　U62.0；

表 3-16　G32 加工圆锥螺纹指令格式及参数含义

类别	内　容
圆锥螺纹切削 指令格式	G32 X(U)_ Z(W)_ F_；
切削路径	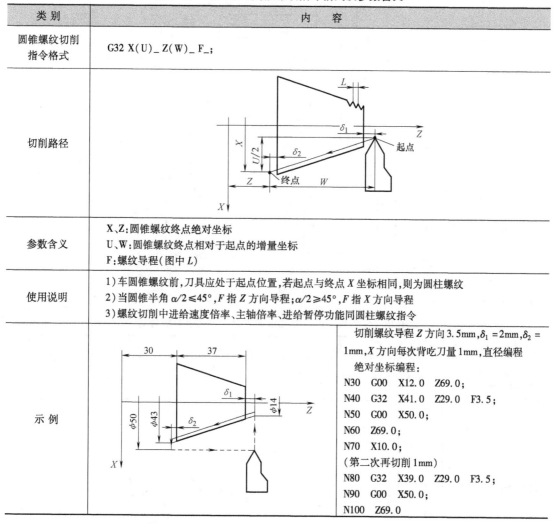
参数含义	**X、Z**:圆锥螺纹终点绝对坐标 **U、W**:圆锥螺纹终点相对于起点的增量坐标 **F**:螺纹导程(图中 L)
使用说明	1)车圆锥螺纹前,刀具应处于起点位置,若起点与终点 X 坐标相同,则为圆柱螺纹 2)当圆锥半角 $\alpha/2 \leqslant 45°$,F指 Z 方向导程;$\alpha/2 \geqslant 45°$,F指 X 方向导程 3)螺纹切削中进给速度倍率、主轴倍率、进给暂停功能同圆柱螺纹指令
示例	切削螺纹导程 Z 方向3.5mm,$\delta_1 = 2$mm,$\delta_2 = 1$mm,X 方向每次背吃刀量1mm,直径编程 绝对坐标编程： N30　G00　X12.0　Z69.0； N40　G32　X41.0　Z29.0　F3.5； N50　G00　X50.0； N60　　　　Z69.0； N70　　　　X10.0； (第二次再切削1mm) N80　G32　X39.0　Z29.0　F3.5； N90　G00　X50.0； N100　　　Z69.0

3.2.7　G92 螺纹切削单一循环指令及应用

螺纹切削单一循环指令（G92）可以完成内、外圆柱螺纹以及内、外圆锥螺纹从起点到切削终点的切削动作循环，以简化程序编写。加工内、外圆柱螺纹指令格式、参数含义见表 3-17。加工内、外圆锥螺纹指令格式、参数含义见表 3-18。

表 3-17 G92 加工内、外圆柱螺纹指令格式及参数含义

类别	内 容
圆柱螺纹切削循环指令格式	G92 X(U)_ Z(W)_ F_;
参数含义	X、Z:圆柱螺纹终点绝对坐标 U、W:圆柱螺纹终点相对于循环起点的增量坐标 F:螺纹导程
使用说明	1)图示中 A 点为循环起点,B 点为纵向切削终点;由刀具起点和终点坐标确定内、外螺纹 2)用 G90、G92、G94 以外的 01 组的指令代码取消固定循环方式,其他说明同 G32
切削循环路径	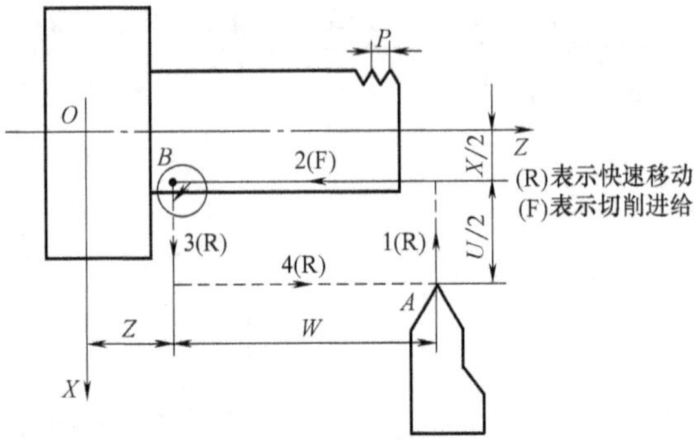 (R)表示快速移动 (F)表示切削进给
示例	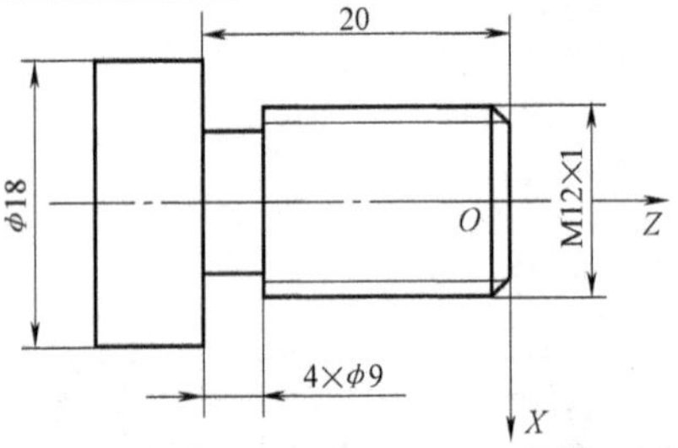 车 M12×1 螺纹,分三次进刀,循环起点(5,25) ... N40 M3 S400 T01; N50 G00 X25.0 Z5.0; N60 G92 X11.3 Z−17.5 F1; N70 G92 X10.9 Z−17.5 F1; N80 G92 X10.7 Z−17.5 F1; ...

表 3-18 G92 加工内、外圆锥螺纹指令格式及参数含义

类别	内 容
圆锥螺纹切削循环指令格式	G92 X(U)_ Z(W)_ R_ F_ Q_;
切削循环路径	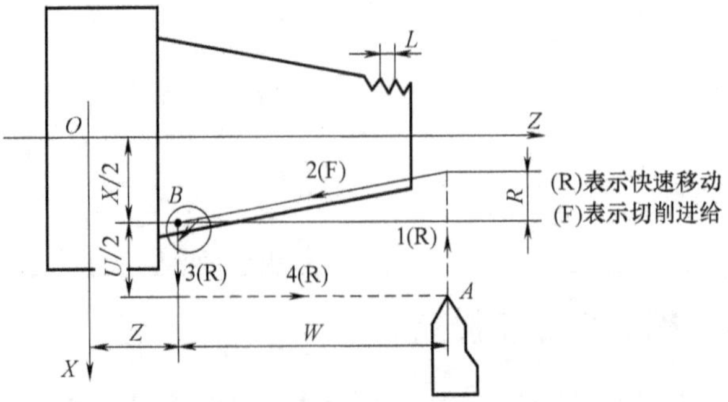 (R)表示快速移动 (F)表示切削进给

（续）

类 别	内　　容
参数含义	X、Z:圆锥螺纹终点绝对坐标 U、W:圆锥螺纹终点相对于循环起点的增量坐标 Q:螺纹切削起始角 R:锥度量,大小端半径差,外螺纹左大右小,R 为负,反之为正;内螺纹左小右大,R 为正,反之为负; R 为 0 则为圆柱螺纹 F:螺纹导程(图中 L)
使用说明	1)图示中 A 点为循环起点,B 点为纵向切削终点;由刀具起点和终点坐标确定内、外螺纹 2)用 G90、G92、G94 以外的 01 组的指令代码取消固定循环方式,其他说明同 G32
示　例	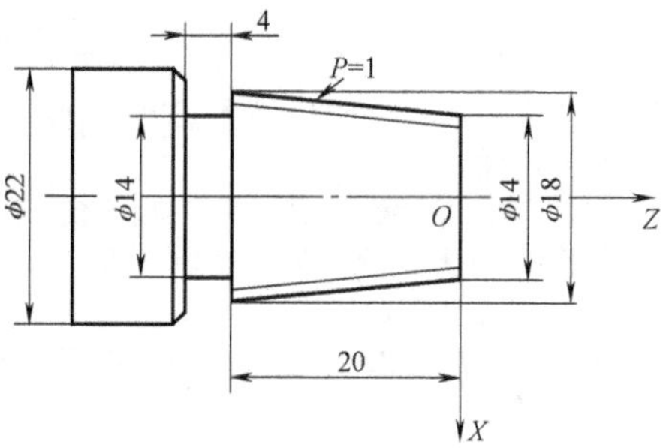 加工圆锥螺纹,分三次进刀,空刀导入量取 4mm,空刀导出量取 2mm,含空刀导入量的小端直径为 φ13.2mm,含空刀导出量的大端直径为 φ18.4mm,R 为 - 2.6 … N50　G00　X25　Z4; N60　G92　X17.7 Z - 22.0　R - 2.6　F1.0; N70　G92　X17.3 Z - 22.0　R - 2.6　F1.0; N80　G92　X17.1 Z - 22.0　R - 2.6　F1.0; …

3.2.8　G71 轮廓粗加工复合循环、G70 轮廓精加工复合循环指令及应用

1. 发那科系统轮廓粗加工复合循环指令（G71）

应用该指令，只需指定粗加工背吃刀量、精加工余量和精加工路线等参数，系统便可自动计算出粗加工路线和加工次数，完成内、外轮廓表面的粗加工。轮廓粗加工复合循环指令加工外表面的车削路径、指令格式及参数含义见表 3-19。

表 3-19　发那科系统轮廓粗加工复合循环指令加工外表面的车削路径、指令格式及参数含义

外轮廓粗加工循环路线	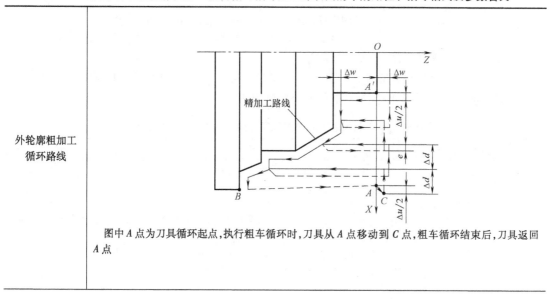 图中 A 点为刀具循环起点,执行粗车循环时,刀具从 A 点移动到 C 点,粗车循环结束后,刀具返回 A 点

（续）

轮廓粗车循环指令格式	G71 U$\Delta \underline{d}$ R$\underline{e}$; G71 P$\underline{n}_s$ Q$\underline{n}_f$ U$\Delta \underline{u}$ W$\Delta \underline{w}$; N(n_s)… F S T … N(n_f)… }从顺序号 n_s 到 n_f 的程序段为 A' 点到 B 点的运行指令
参数含义	Δd：每刀背吃刀量，半径值。一般 45 钢件取 1~2mm，铝件取 1.5~3mm e：退刀量，半径值。一般取 0.5~1mm n_s：指定精加工路线的第一个程序段的段号 n_f：指定精加工路线的最后一个程序段的段号 Δu：X 方向精加工余量，直径值；一般取 0.5mm 左右。加工内轮廓时，为负值 Δw：Z 方向精加工余量，一般取 0.05~0.1mm
使用说明	1）循环动作由带有地址 P 和 Q 的 G71 指令实现。在 n_s 和 n_f 程序段中指定的 F、S、T 功能无效，在 G71 程序段中或前面程序段中指定的 F、S、T 功能有效 2）区别外圆、内孔；正、反阶梯由 X、Z 方向精加工余量（Δu、Δw）正负值来确定，具体如图 3-14 所示 3）精车形状程序段开头（n_s 程序段中）应指定 G00 或 G01 指令，否则会报警 4）使用 G71 指令时，工件径向尺寸必须单向递增或递减 5）调用 G71 指令前，刀具应处于循环起点 A 点处，A 点位置随加工表面不同而不同 6）顺序号 n_s 到 n_f 之间程序段不能调用子程序

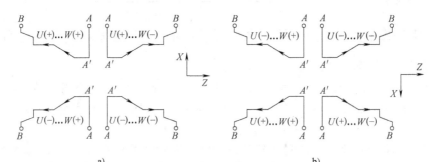

图 3-14　前置刀架和后置刀架加工不同表面时 Δu、Δw 正负值情况

a）后置刀架　b）前置刀架

2. 发那科系统轮廓精加工复合循环指令（G70）

用 G71、G73 指令粗车完毕后，用精加工循环指令，使刀具进行 $A \rightarrow A' \rightarrow B$ 的精加工。轮廓精加工复合循环指令格式及参数含义见表 3-20。

表 3-20　发那科系统轮廓精加工复合循环指令格式及参数含义

轮廓精加工循环指令格式	G70 P$\underline{n}_s$ Q$\underline{n}_f$
参数含义	n_s 为指定精加工路线的第一个程序段的段号 n_f 为指定精加工路线的最后一个程序段的段号
使用说明	1）精车循环 G70 状态下，n_s 至 n_f 程序中指定的 F、S、T 有效；当 n_s 至 n_f 程序中不指定 F、S、T 时，粗车循环（G71、G73）中指定的 F、S、T 有效 2）G70 循环加工结束时，刀具返回到起点并读下一个程序段 3）G70 中 n_s 到 n_f 间的程序段不能调用子程序

3. 加工示例

图 3-15 所示为加工零件外轮廓,毛坯为 $\phi28$mm 圆棒料,用轮廓循环指令粗、精加工。加工中循环参数选择如下:取每刀背吃刀量 $\Delta d = 2$mm,退刀量 $e = 1$mm,X 方向精加工余量 $\Delta u = 0.4$mm,Z 方向精加工余量 $\Delta w = 0.2$mm,参考程序见表 3-21。

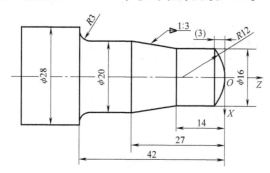

图 3-15 轮廓复合循环指令加工示例零件图

表 3-21 加工示例零件参考程序

程序段号	程序内容	指令含义
N10	G40 G99 G80 G21;	设置初始状态
N20	M3 S600 M08;	设置粗车转速,切削液开
N30	T0101;	调用外圆粗车刀
N40	G00 X35.0 Z5.0 F0.2;	刀具移动至循环起点
N50	G71 U2.0 R1.0;	设置循环参数,调用轮廓循环指令粗车外轮廓
N60	G71 P70 Q140 U0.4 W0.2;	
N70	G01 X0;	刀具切削至 X0(轮廓精加工路线第一段程序)
N80	Z0;	车至端面
N90	G03 X16.0 Z-3.0 R12;	车 R12mm 圆弧
N100	G01 Z-14.0;	车 ϕ16mm 外圆
N110	X20.0 Z-27.0;	车圆锥面
N120	Z-39.0;	车 ϕ20mm 外圆
N130	G02 X26.0 Z-42.0 R3;	车 R3mm 圆弧
N140	G01 X30.0;	刀具沿 X 方向切出(轮廓精加工路线最后一段程序)
N150	G00 X100.0 Z200.0;	刀具退回至换刀点
N160	M3 S1000 F0.1;	设置精车用量
N170	T0202;	换外圆精车刀
N180	G70 P70 Q140;	调用精车循环精车外轮廓
N190	G00 X100.0 Z200.0 M09;	刀具退回至换刀点,切削液停
N200	M05;	主轴停
N210	M30;	程序结束

3.2.9 G73 轮廓粗加工封闭切削循环指令及应用

径向尺寸不呈单向递增或单向递减的轮廓，可以调用轮廓粗加工封闭切削循环进行粗加工，调用 G70 循环指令进行精加工。轮廓粗加工封闭切削循环指令格式、参数含义及使用说明见表 3-22。

表 3-22　轮廓粗加工封闭切削循环指令格式、参数含义及使用说明

指令格式	G73　UΔi　WΔk　Rd; G73　Pn_s　Qn_f　UΔu　WΔw　FΔf;
参数含义	Δi:X 方向总退刀量，半径值 Δk:Z 方向总退刀量 d:循环次数 n_s:指定精加工路线的第一个程序段的段号 n_f:指定精加工路线的最后一个程序段的段号 Δu:X 方向精加工余量，直径值；一般取 0.5mm 左右。加工内轮廓时，为负值 Δw:Z 方向精加工余量，一般取 0.05~0.1mm Δf:粗车时的进给量
切削循环 动作次序	
使用说明	1)循环动作由带有地址 P 和 Q 的 G73 指令实现。在 n_s 和 n_f 程序段中指定的 F、S、T 功能无效，在 G73 程序段中或前面程序段中指定的 F、S、T 功能有效 2)精车形状与 G71 一样有四种模式，Δu、Δw、Δi、Δk 的符号 3)精车形状程序段开头(n_s 程序段中)应指定 G00 或 G01 指令，否则会报警 4)调用 G73 前，刀具应处于循环起点 A 处，该点应距离零件 1~2mm，粗车循环结束后，刀具返回 A 点 5)G73 指令较 G71 走刀路径长，空行程路线多
示　例	图 3-15 所示零件用 G73 指令编程，X 方向总退刀量 $\Delta i = 6$mm，Z 方向总退刀量 $\Delta k = 4$mm，循环次数 $d = 4$ 次，X 方向精加工余量 $\Delta u = 0.4$mm，Z 方向精加工余量 $\Delta w = 0.2$mm，程序为: … N40　G00　X35.0 Z5.0　F0.2;　　　刀具快速移动至循环起点 N50　G73　U6.0 W4.0 R4.0;　　　设置循环参数,调用循环粗车轮廓 N60　G73　P70 Q140 U0.4　W0.2; …

3.2.10 G75 径向沟槽复合切削循环指令及应用

当径向槽尺寸较大或多个相同尺寸的径向槽可通过调用径向沟槽复合切削循环指令进行编程，其指令格式、参数含义及使用说明见表3-23。

表3-23 径向沟槽复合切削循环指令格式及参数含义

类 别	内 容
径向沟槽复合切削循环指令格式	G75 R(e)； G75 X(U)_ Z(W)_ P(Δi) Q(Δk) R(Δd) F(f)；
切削循环路径	 (R)表示快速移动 (F)表示切削进给 $(0 < \Delta i' \leqslant \Delta i)$
参数含义	e：返回量 X、Z：槽底终点绝对坐标 U、W：槽底终点相对于循环起点的增量坐标 Δi：X轴方向的切深量，无符号，半径值，输入单位 μm Δk：Z轴方向的移动量，无符号，输入单位 μm Δd：槽底位置Z方向的退刀量，尽可能省略 f：进给速度
使用说明	1)X(U)或Z(W)指定，而Δi或Δk未指定或值为零将发生报警 2)Δk值大于Z轴的移动量或Δk值为负发生报警，Δk值大于槽宽将切多个相同槽 3)Δi值大于U/2或设置为负将发生报警 4)退刀量大于进刀量将发生报警
示 例	加工宽10mm、深5mm的槽，切槽刀头宽度选4mm 加工参考程序： N10 T0303； 选切槽刀 N20 M03 S400； 设置切槽转速 N30 G00 X42.0 Z-14.0； 刀具移至循环起点 N40 G75 R1.0； 调用循环车槽 N59 G75 X30.0 Z-20.0 　　　　P1000 Q3000 F0.1 …

3.2.11 G76 螺纹切削复合循环指令及应用

螺纹切削复合循环指令（G76）格式及参数含义见表3-24。

表3-24 螺纹切削复合循环指令格式及参数含义

类　别	内　容
螺纹切削复合循环指令格式	G76　P(m)(r)(α)　Q$_{\Delta dmin}$　R$\underline{d}$; G76　X(U)＿Z(W)＿R$\underline{i}$　P$\underline{k}$　QΔd　F$\underline{L}$;
切削循环路径	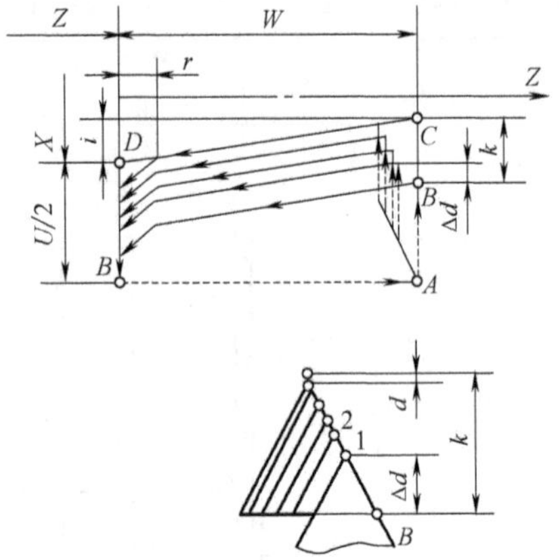
参数含义	m:精车重复次数,从01~99,用两位数表示,该参数为模态量 r:螺纹尾端倒角量,该值大小可设置为(0.0~9.9)L,系数为0.1的整数倍,用00~99两位整数表示,该参数为模态量;其中L为导程 α:刀尖角,可以从80°、60°、55°、30°、29°、0°共6个角度中选择,用两位整数表示,该参数为模态量 $\Delta d_{\min}$:最小车削深度,用半径值指定,单位为μm,模态量 d:精车余量,用半径值指定,单位一般为μm,模态量 X、Z:纵向切削终点(图中D点)绝对坐标 U、W:至纵向切削终点(图中D点)移动量 i:螺纹起点与终点半径差。当$i=0$时,为圆柱螺纹,并可省略 k:螺纹高度,用半径值指定,单位为μm Δd:第一次切削深度,用半径值指定,单位为μm L:螺纹的导程,单位为mm
使用说明	1)G76指令车螺纹采用斜进法,常用于车削大螺距螺纹及无退刀槽的螺纹 2)调用循环前,刀具应处于循环起点位置;外螺纹起点位置应大于螺纹大径,内螺纹应小于螺纹顶径,Z方向保证有空刀导入量 3)循环中k、Δd、$\Delta d_{\min}$不支持小数点输入,i、d支持小数点输入
示　例	加工M12×1普通螺纹,螺纹长度20mm,用G76螺纹切削复合循环指令编程 经计算该螺纹牙深为0.65mm,设定精车重复次数m=2次,螺纹尾端倒角量r=1.0L,刀尖角60°,表示方法为P021060;最小车削深度$\Delta d_{\min}$=0.1mm,表示方法为Q100;精车余量d=0.1mm,表示方法为R100;因是圆柱螺纹,i=0;螺纹高度k=0.65mm,表示方法为P650;第一次切削深度Δd=0.3mm,表示方法Q300;螺纹导程=1mm,表示方法为F1.0。参考程序如下: … N20　T0202;　　　　　　　　　　　　选择螺纹车刀 N30　M03　S350;　　　　　　　　　　设置车螺纹转速 N40　G00　X20.0　Z5.0;　　　　　　　刀具移至循环起点 N50　G76　P021060　Q100　R100;　　　调用螺纹切削复合循环指令车螺纹 N60　G76　X12　Z－20　R0　P650　Q300　F1.0; …

3.2.12　子程序编程及应用

1. 子程序

当加工零件相同部分形状和结构时，可将这部分形状和结构的加工编写成子程序，在主程序适当位置调用、运行以简化程序结构。

发那科系统子程序命名规则与主程序相同，以字母"O"开头，后跟四位数表示，子程序内容由程序段组成，程序结束用指令 M99 表示，如子程序"O2233"。

N10　G00　W−10.0;　　Z 方向快速移动 −10mm

N20　G01　U−8.0;　　X 方向直线进给 8mm

N30　G04　X2.0;　　　暂停时间 2s

N40　G01　U8.0;　　　X 方向直线切出 8mm

N50　M99;　　　　　　子程序结束

其中子程序结束指令 M99 不一定要构成一个独立程序段。

2. 子程序调用指令（M98）

M98 指令格式、参数含义及使用说明见表 3-25。

表 3-25　子程序调用指令格式、参数含义及使用说明

类　别	内　　容
指令格式	M98 P_;
参数含义	P 后跟子程序被重复调用次数及子程序名,后四位数表示子程序名 例:N20　M98　P2233;　　　调用子程序"O2233" … N40　M98　P30113;　　　重复调用子程序"O0133"3 次
使用说明	主程序可以调用子程序,子程序还可以继续调用子程序,一般可嵌套 10 层
调用子程序后, 程序执行次序图	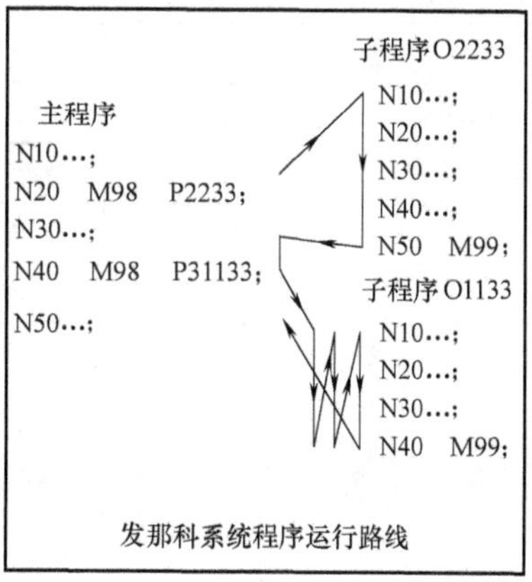 发那科系统程序运行路线

例：如图 3-16 所示，假设 φ24mm 外圆已加工，现加工 3 个 4mm×1mm 的槽，因槽形状相同，可编写一个子程序，子程序名"O0001"；主程序名"O0033"，调用 3 次，切槽刀 T02，程序见表 3-26、表 3-27（工件坐标系原点取工件右端面中心点）。

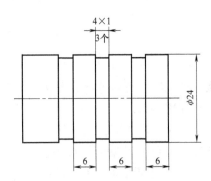

图 3-16　槽加工零件图

表 3-26　切槽主程序

程序段号	程序内容	指令含义
N10	T0202；	换切槽刀
N20	M03　S400　F0. 2；	设置切削用量
N30	G00　X32.0　Z0；	刀具移至切削起点
N40	M98　P30001；	调用 3 次切槽子程序，加工 3 个槽
N50	G00　Z－68；	刀具移至 Z－68 处
N60	G01　X0　F0. 08；	切断工件
N70	X32；	刀具切出
N80	G28　X60　Z50　M09；	刀具返回参考点，切削液停
N90	M05；	主轴停
N100	M30；	程序结束

表 3-27　切槽子程序

程序段号	程序内容	指令含义
N10	G00　W－10；	$-Z$ 方向移动 10mm
N20	G01　U-10 F0.08；	X 方向切入 10mm，进给速度 0.08mm/r
N30	G04　X3；	槽底暂停 3s
N40	U10；	X 方向切出 10mm
N50	M99；	子程序结束并返回

3.3　数控车削加工实例

学习目标

➡会分析汽车中典型车削类零件数控加工工艺

➡会编写汽车中典型车削类零件数控加工程序

➡会在数控车床上加工汽车中典型车削类零件并达到一定精度要求

3.3.1 汽车变速器输出轴的编程与加工

汽车动力传递都采用机械传动装置，其中变速机构大多采用齿轮变速，而传递动力的轴是汽车传动系统中最常见的零件之一，也是典型的轴类零件。图 3-17 所示为汽车一种变速器结构图，现在数控车床上加工带锥齿轮的汽车变速器输出轴，零件图如图 3-18 所示，材料为 45 钢，锥齿轮由后续铣齿工序完成，此处主要完成车床上加工的外圆柱面、外圆锥面、槽及螺纹面等。

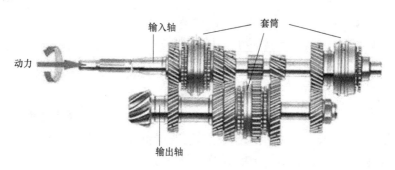

图 3-17　汽车变速器结构图

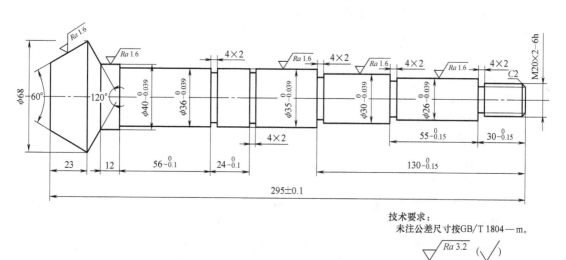

技术要求：
未注公差尺寸按 GB/T 1804—m。
$\sqrt{Ra\,3.2}$ $\left(\sqrt{}\right)$

图 3-18　汽车变速器输出轴零件图

1. 分析工艺

根据组成轴的基本表面，需选择相应刀具，有外圆粗、精车刀，4mm 切槽刀和外螺纹车刀。其中有台阶面及圆锥表面，精加工车刀主偏角应大于或等于 90°。轴类零件装夹方式有自定心卡盘装夹、单动卡盘装夹、一夹一顶及两顶尖装夹。汽车变速器输出轴长径比较大、位置精度要求较高，粗、半精加工宜采用一夹一顶装夹，精加工采用两顶尖装夹，必要时选用中心架或跟刀架提高工件刚性。

输出轴轴颈尺寸精度较高，采用外径千分尺测量；长度用深度千分尺测量；圆锥角度用万能游标量角器测量；螺纹表面用螺纹环规测量，表面粗糙度用表面粗糙度样板比对，加工顺序及切削用量选择见表 3-28。

表 3-28 汽车变速器输出轴加工工艺

工序名	定位（装夹面）	工步序号及内容	刀具及刀号	转速 $n/(\text{r/min})$	进给量 $f/(\text{mm/r})$	背吃刀量 a_p/mm
车	夹住毛坯外圆	手动车端面、钻中心孔	A3 中心钻	1000	0.1	—
	一夹一顶	1. 粗车右端轮廓表面	外圆粗车刀，刀号 T01	600	0.2	2 ~ 3
		2. 精车右端轮廓表面	外圆精车刀，刀号 T02	1000	0.1	0.3
		3. 车 5 个 4mm×2mm 槽	切槽刀，刀号 T03	400	0.1	4
		4. 车 M20×2-6h 螺纹	螺纹车刀，刀号 T04	350	1	0.1 ~ 0.4
	调头，夹住 $\phi 36^{\ 0}_{-0.039}$ mm 外圆	1. 粗车左端轮廓表面	外圆粗车刀，刀号 T01	600	0.2	2 ~ 3
		2. 精车左端轮廓表面	外圆精车刀，刀号 T02	1000	0.2	0.3

2. 编写程序

零件需调头加工，应分别编写左右端轮廓加工程序，轮廓加工采用轮廓切削复合循环指令 G71、G73 粗加工，G70 指令精加工比较方便。右端轮廓有 M20×2-6h 螺纹表面还需用到螺纹切削加工指令，五个宽度相同的槽可编写子程序加工。

编写程序前需根据圆锥面及螺纹表面已知条件计算其他编程参数值，如需计算锥齿轮面小端直径、背锥面长度、螺纹底圆柱直径、螺纹牙深等。

圆锥面各部分尺寸计算公式为

$$C = (D - d)/L \tag{3-1}$$

$$C/2 = \tan(\alpha/2) \tag{3-2}$$

式中　D——最大圆锥直径；

　　　d——最小圆锥直径；

　　　L——圆锥面长度；

　　　C——锥度；

　　　$\alpha/2$——圆锥半角。

题中锥齿轮圆锥面小端直径 $d = D - 2L\tan 30° = 68\text{mm} - 2 \times 23\text{mm} \times 0.5773 = 41.443\text{mm}$。背锥面长度 $L = (D - d)/(2\tan 60°) = (68\text{mm} - 40\text{mm})/3.464 = 8.083\text{mm}$。

螺纹表面采用 G92 螺纹切削单一循环指令编程，M20×2-6h 圆柱螺纹其他编程参数计算结果见表 3-29。

表 3-29 M20×2-6h 圆柱螺纹其他编程参数计算结果

螺纹代号	螺纹牙深	螺纹小径	车螺纹前圆柱直径
M20×2 外螺纹	$h_{1实} = 0.65P = 0.65 \times 2\text{mm} = 1.3\text{mm}$	$d_{1实} = d - 2h_{1实} = d - 1.3P = (20 - 1.3 \times 2)\text{mm} = 17.4\text{mm}$	$d_圆 = d - 0.1P = (20 - 0.2)\text{mm} = 19.8\text{mm}$

（1）零件右端轮廓加工参考程序　见表 3-30，程序名 "O0030"。

表 3-30 加工零件右端轮廓参考程序

程序段号	程序内容	指令含义
N10	G40　G21　G99；	参数初始化
N20	M3　S600　F0.2；	设置粗车用量

（续）

程序段号	程序内容	指令含义
N30	T0101 ;	选择 T01 号外圆粗车刀
N40	G00 X70.0 Z5.0 M08 ;	刀具快速移动至循环起点,切削液开
N50	G71 U2 R1 ;	设置循环参数,调用循环粗加工轮廓
N60	G71 P70 Q220 U0.6 W0.2 ;	
N70	G00 X0 ;	刀具移至 X0 处(轮廓精加工第一段程序)
N80	G01 Z0 ;	刀具车至端面
N90	X19.8,C2 ;	车右端面并倒角
N100	Z-29.925 ;	车螺纹底圆柱
N110	X25.9805 ;	车台阶
N120	Z-84.925 ;	车 $\phi26_{-0.039}^{0}$ mm 外圆
N130	X29.9805 ;	车台阶
N140	Z-129.925 ;	车 $\phi30_{-0.039}^{0}$ mm 外圆
N150	X34.9805 ;	车台阶
N160	Z-195.917 ;	车 $\phi35_{-0.039}^{0}$ mm 外圆
N170	X35.9805 ;	车台阶
N180	Z-251.917 ;	车 $\phi36_{-0.039}^{0}$ mm 外圆
N190	X39.9805 ;	车台阶
N200	Z-263.917 ;	车 $\phi40_{-0.039}^{0}$ mm 外圆
N210	X68 Z-272.0 ;	车圆锥面
N220	X70.0 ;	X 方向车出(轮廓精加工最后一段程序)
N230	G28 X100.0 Z100.0 ;	刀具返回参考点
N240	T0202 ;	换外圆精车刀
N250	M3 S1000 F0.1 M08 ;	精车转速 1000r/min,进给速度 0.1mm/min,切削液开
N260	G00 X70.0 Z5.0 ;	刀具移至循环起点
N270	G70 P70 Q220 ;	调用轮廓精车复合循环精车轮廓
N280	G28 X100.0 Z200.0 ;	刀具返回参考点
N290	M00 M05 M09 ;	主轴停,程序停,切削液停
N300	T0303 ;	换切槽刀
N310	M03 S400 ;	设置切槽用量
N320	G00 X42.0 Z-29.925 ;	刀具移至进刀点
N330	G01 X16.0 F0.08 ;	切第一槽
N340	M98 P0130 ;	
N350	G00 Z-84.925 ;	切第二槽
N360	G01 X22.0 F0.08 ;	
N370	M98 P0130 ;	

（续）

程序段号	程序内容	指令含义
N380	G00　Z－129.925；	切第三槽
N390	G01　X26.0　F0.08；	
N400	M98　P0130；	
N410	G00　Z－171.925；	切第四槽
N420	G01　X31.0　F0.08；	
N430	M98　P0130；	
N440	G00　Z－195.925；	切第五槽
N450	G01　X31.0　F0.08；	
N460	M98　P0130；	
N470	G28　X100.0　Z200.0；	刀具退至换刀点
N480	M00　M05　M09；	程序停，主轴停，切削液停
N490	T0404；	换螺纹车刀
N500	M03　S3500；	设置车螺纹转速
N510	G00　X25.0　Z4.0　M08；	刀具移至循环起点
N520	G92　X19.4　Z－28.0　F2.0；	调用循环第一次车螺纹
N530	G92　X18.8　Z－28.0　F2.0；	调用循环第二次车螺纹
N540	G92　X18.2　Z－28.0　F2.0；	调用循环第三次车螺纹
N550	G92　X17.8　Z－28.0　F2.0；	调用循环第四次车螺纹
N560	G92　X17.4　Z－28.0　F2.0；	调用循环第五次车螺纹
N570	G00　X100.0　Z200.0；	刀具退回
N580	M00　M09；	程序停，切削液停
N590	M30；	程序结束

切槽子程序名"O0130"，程序见表3-31。

表3-31　切槽子程序

程序段号	程序内容	指令含义
N10	G04　X2.0；	槽底停2s
N20	G01　X40　F0.2；	刀具切出至X40处
N30	M99；	子程序返回

（2）零件左端轮廓加工参考程序　见表3-32，程序名"O0031"。

表3-32　零件左端轮廓加工参考程序

程序段号	程序内容	指令含义
N10	G40　G21　G99；	参数初始化
N20	T0101；	选择T01号外圆粗车刀
N30	M3　S600　F0.2　M08；	设置粗车用量，切削液开
N40	G00　X80.0　Z5.0　F0.2；	刀具快速移动至循环起点

（续）

程序段号	程序内容	指令含义
N50	G90　X78.6　Z-23.0　R-16.12;	第一次车轮廓余量
N60	G90　X74.6　Z-23.0　R-16.12;	第二次车轮廓余量
N70	G90　X68.6　Z-23.0　R-16.12;	第三次车轮廓余量
N80	G00　X100.0　Z200.0;	刀具退回
N90	T0202;	换外圆精车刀
N100	M03　S1000;	设置精车用量
N110	G00　X41.443　Z5.0;	刀具移至进刀点
N120	G01　Z0　F0.1;	车至端面
N130	X68.0　Z-23.0;	车圆锥
N140	X70.0;	X方向车出
N150	G28　X100.0　Z100.0;	刀具返回参考点
N160	M00　M09;	程序停,切削液停
N170	M30;	程序结束

3. 加工零件

1）开机回参考点，建立机床坐标系。

2）装夹工件。加工零件右端轮廓时，采用一夹一顶，夹住毛坯外圆，伸出长度280mm左右；加工零件左端面时夹住 $\phi36_{-0.039}^{0}$ mm外圆并进行找正，必要时采用软卡爪，以保证位置精度要求。

3）将外圆粗车刀、外圆精车刀、4mm切槽刀、螺纹车刀按要求分别装入刀架相应刀号位置。外圆车刀按试切法对刀，切槽刀选左侧刀尖为刀位点，对刀方法如下：

① Z方向对刀。MDI方式下使主轴正转，转速400r/min；切换成手动（JOG）方式，将切槽刀左侧刀尖碰至工件端面，沿 $+X$ 方向退出刀具，如图3-19所示。然后进行面板操作，面板操作步骤与外圆车刀相同。

② X方向对刀。MDI方式下使主轴正转，转速400r/min；切换成手动（JOG）方式，用切槽刀主切削刃试切工件外圆面（长 3～5mm），沿 $+Z$ 方向退出刀具，如图3-20所示。停车，测量外圆直径，然后进行面板操作，面板操作步骤与外圆车刀 X 方向对刀相同。

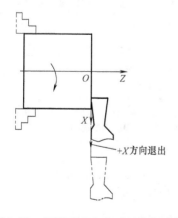

图3-19　切槽刀 Z 方向对刀操作过程

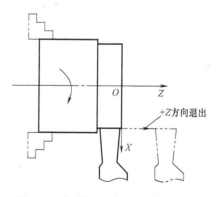

图3-20　切槽刀 X 方向对刀操作过程

螺纹车刀选刀尖为刀位点,参照以上对刀方法,Z 方向对刀时不需要起动主轴,通过目测或用钢直尺将刀尖与工件右端面对齐,然后进行面板操作;X 方向对刀时起动主轴,试切一段外圆后将所车外圆直径值输入机床相应刀具补偿号中。

4)将数控程序全部输入数控机床中,进行模拟仿真。

5)打开程序"O0030",选择自动加工方式,调小进给倍率,按"数控启动键"进行零件右端轮廓自动加工,观察加工情况逐步调整进给倍率。首次加工也可采用单段加工方式。

加工中通过设置刀具磨损量及试测方法控制外圆及螺纹尺寸精度。

例如,外圆精车余量为 0.3mm(半径值),程序运行至 N290 测量 $\phi30_{-0.039}^{0}$mm 外圆直径实际尺寸为 $\phi30.62$mm,则余量为 0.62~0.659mm,取中间值 0.6395mm,单边余量约为 0.32mm,即将刀具磨损量设为 (0.32 – 0.3)mm = 0.02mm,重新运行轮廓精车程序后,即可达到尺寸要求。螺纹精度控制方法与其相类似,通过调节螺纹刀具磨损量的方法逐步控制。

6)调头装夹后,打开程序"O0031",按上述步骤加工零件左端轮廓表面并控制其精度。

7)加工结束后,及时打扫机床,切断电源。

8)零件加工后,分析是否出现表 3-33 所列的误差项目,了解其产生原因,确定修正措施。

表 3-33 汽车变速器输出轴零件出现的误差项目、产生原因及修正措施

误差项目	产生原因	修正措施
外圆柱面、外圆锥面尺寸超差	编程尺寸计算或输入错误	编程尺寸采用中间尺寸,重新计算圆锥面编程尺寸,核对输入程序
	刀具 X 方向和 Z 方向对刀不准	对 X 坐标时外圆测量保证准确,且对刀过程中在相应方向保证刀具不产生位移
	刀具磨损量设置不正确	确定刀具磨损量的设定方法,正确计算刀具磨损量的大小
	测量错误	学会游标卡尺、外径千分尺的使用,掌握正确测量方法
	机床刀架和丝杠间隙大	修调机床刀架和丝杠间隙
圆锥角度不正确、圆锥素线不直	编程尺寸计算或输入错误	重新计算圆锥面编程尺寸,核对输入程序
	测量错误	学会游标万能角度尺的使用,掌握正确测量方法
	刀尖与工件旋转中心不等高	调整外圆车刀刀尖高度
螺纹表面精度超差	螺距不正确	核对程序中螺距数值,空刀导入量或导出量是否过小
	牙型不正确	重新刃磨刀具或选择螺纹车刀,保证刀尖角正确,检查螺纹车刀安装是否正确
	尺寸不正确	螺纹尺寸若偏大,重新调整车刀磨损量继续精车;螺纹尺寸偏小则是刀具磨损量偏大造成的
轮廓表面粗糙度超差	工艺系统刚性不足	采用中心架或跟刀架分段车削
	刀具角度不正确或刀具磨损	选择主偏角较大、较锋利的车刀减少径向力,若刀具磨损则应及时换刀或修磨刀具
	切削用量选择不当	提高转速,减小背吃刀量和进给速度

3.3.2 汽车转向器球头销的编程与加工

汽车转向器是用来改变或恢复汽车行驶方向的专设机构，其中球头销又是转向器中重要的零件，可以避免转向过程中转向直拉杆空间运动的干涉，汽车转向器转向直拉杆结构及各种球头销如图 3-21 所示。现加工一种汽车转向器球头销，零件图如图 3-22 所示。材料为 45钢，毛坯尺寸为 φ30mm×70mm 棒料。零件典型表面是由圆弧回转成的成形面，成形面在普通车床上加工较困难，而数控车床上编程和加工比较方便。

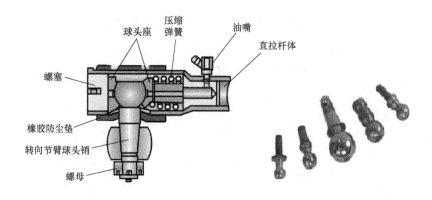

图 3-21 汽车转向器转向直拉杆结构及各种球头销

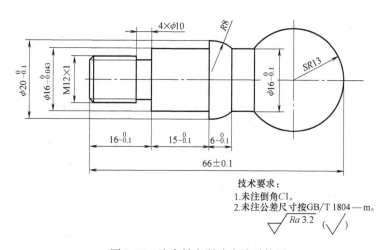

图 3-22 汽车转向器球头销零件图

1. 分析工艺

根据零件组成表面需用到外圆车刀、切槽刀和螺纹车刀等；其中外圆车刀应选择主、副偏角较大的棱形车刀，防止主、副切削刃发生如图 3-23 所示的干涉现象。加工方法采用调头装夹车削，先粗、精车零件左端轮廓，再调头车削零件右端轮廓。量具选择：外圆尺寸用外径千分尺测量，长度用游标卡尺测量，螺纹用螺纹环规测量，成形面用圆弧样板测量。

图 3-23　车成形面时主、副切削刃干涉现象

球头销加工工艺过程及切削用量选择见表 3-34。

表 3-34　汽车转向器球头销加工工艺

工序名	定位 （装夹面）	工步序号及内容	刀具及刀号	转速 $n/(\text{r/min})$	进给量 $f/(\text{mm/r})$	背吃刀量 a_p/mm
车	夹住外圆毛坯，伸出 35mm	1. 粗车 $\phi16_{-0.043}^{0}$ mm、$\phi20_{-0.1}^{0}$ mm 外圆	外圆粗车刀，刀号 T01	600	0.2	2～3
		2. 精车端面及 $\phi16_{-0.043}^{0}$ mm、$\phi20_{-0.1}^{0}$ mm 外圆	外圆精车刀，刀号 T02	1000	0.1	0.2
		3. 车 4mm×$\phi10$mm 槽	切槽刀，刀号 T03	400	0.1	4
		4. 车 M12×1 螺纹	螺纹车刀，刀号 T04	350	1	0.1～0.3
	调头，夹住 $\phi16_{-0.043}^{0}$ mm 外圆	1. 粗车右端轮廓	外圆粗车刀，刀号 T01	600	0.2	2～3
		2. 精车右端轮廓	外圆精车刀，刀号 T02	1000	0.1	0.2

2. 编写程序

零件具有圆弧回转成形面，编程中需用到圆弧插补指令，粗加工为编程方便采用轮廓封闭切削循环 G73 指令，精加工用 G70 指令；螺纹表面需用螺纹切削指令或螺纹切削循环指令，此处以螺纹切削复合循环指令编程为例。

编程前需要计算圆柱 $\phi16_{-0.1}^{0}$ mm 和球面截交点及螺纹相关编程尺寸，以装夹后工件右端面为工作原点，圆柱 $\phi16_{-0.1}^{0}$ mm 和球面截交点到坐标原点 Z 方向的距离为（13 + $\sqrt{13^2 - 8^2}$）mm = 23.247mm。车 M12×1 螺纹底圆柱直径为 $\phi11.9$mm，采用 G76 螺纹切削复合循环指令编程时循环参数值见表 3-35。

表 3-35　发那科系统 G76 指令车 M12×1 螺纹循环参数值

参　数	M12×1 螺纹取值与表示方法
精车重复次数	$m=2$，螺纹尾端倒角量取 $r=1.0L$，刀尖角为 60°，表示为 P021060
最小车削深度	$\Delta d_\text{min}=0.1$mm，表示为 Q100
精车余量	$d=0.05$mm，表示为 R50
螺纹终点坐标	$X=12$mm，$Z=-12$mm
螺纹起点与终点半径差	$i=0$，表示为 R0
螺纹高度	$k=0.65P=0.65$，表示为 P650
第一次车削深度	$\Delta d=0.4$mm，表示为 Q400
螺纹导程	$L=1$mm，表示为 F1.0

（1）零件左端轮廓加工参考程序　见表3-36，程序名"O0032"。

表3-36　零件左端轮廓加工参考程序

程序段号	程序内容	指令含义
N10	G40　G99　G80　G21；	设置初始状态
N20	M3　S600　M08；	设置粗车转速，切削液开
N30	T0101；	调用外圆粗车刀
N40	G00　X30.0　Z5.0　F0.2；	刀具移动至循环起点
N50	G71　U2.0　R0.5；	调用轮廓循环指令粗车外轮廓
N60	G71　P70　Q130　U0.4　W0.2；	
N70	G01　X0；	刀具移至切削起点（精加工轮廓第一段程序）
N80	Z0；	车至端面
N90	X11.9，C1；	车端面并倒角
N100	Z-15.95；	车螺纹底圆柱
N110	X15.979；	车台阶
N120	Z-30.95；	车 $\phi16^{\ 0}_{-0.043}$ mm 外圆
N130	X25.0；	刀具沿 X 方向切出（精加工轮廓最后一段程序）
N140	G00　X100.0　Z200.0；	刀具退回至换刀点
N150	M3　S1000　F0.1；	设置精车用量
N160	T0202；	调用外圆精车刀
N170	G70　P70　Q130；	调用精车循环精车外轮廓
N180	G00　X100.0　Z200.0　M09；	刀具退回至换刀点，切削液停
N190	T0303；	换切槽刀
N200	M3　S400　M08；	设置切槽转速，切削液开
N210	G00　X20.0　Z-15.95；	刀具移至螺纹退刀槽处
N220	G01　X10.0　F0.08；	车螺纹退刀槽
N230	G04　X2.0；	槽底暂停2s
N240	G01　X20.0　F0.2；	刀具沿 X 方向退出
N250	G00　X100.0　Z200.0　M09；	刀具退回至换刀点，切削液停
N260	T0404；	换螺纹车刀
N270	M03　S350　M08；	车螺纹转速350r/min，切削液开
N280	G00　X20.0　Z3.0；	车刀移至进刀点
N290	G76　P021160　Q100　R50；	设置螺纹参数，调用螺纹切削复合循环切螺纹
N300	G76　X12.0　Z-12.0　R0　P650　Q400　F1.0；	
N310	G00　X100.0　Z200.0　M09；	刀具退回至换刀点，切削液停
N320	M05；	主轴停
N330	M30；	程序结束

（2）粗、精加工右端成形面程序　工件坐标系原点选择在装夹后零件右端面轴心点，参考程序见表 3-37。程序名为"O0132"。

表 3-37　粗、精加工右端成形面参考程序

程序段号	程序内容	指令含义
N10	G40　G21　G99　G18　G80；	参数初始化
N20	T0101；	选择 T01 外圆粗车刀
N30	M3　S600　F0.2；	设置粗车用量
N40	G00　X36.0　Z5.0　M08；	刀具快速移动至循环起点，切削液开
N50	G73　U2.0　W2.0　R3.0；	设置循环参数，调用循环粗加工轮廓
N60	G73　P70　Q130　U0.4　W0.1；	
N70	G00　X0；	刀具移至 X0 处（以下为轮廓精加工程序段）
N80	G01　Z0；	刀具切削至端面
N90	G03　X15.95　Z−23.247　R13.0；	车 SR13mm 球面
N100	G01　Z−29.0；	车 $\phi16_{-0.1}^{\ 0}$mm 外圆
N110	G03　X19.95　Z−34.95　R8.0；	车 R8mm 圆弧
N120	G01　Z−36.0；	车飞边
N130	X32.0；	X 方向车出（精加工路径最后一段程序）
N140	G00　X100.0　Z200.0；	刀具返回换刀点
N150	T0202；	换 T02 号精车刀
N160	M3　S1000　F0.1　M08；	设置精车用量
N170	G70　P70　Q130；	调用轮廓精车循环精车轮廓
N180	G00　X100.0　Z200.0　M09；	刀具返回换刀点，切削液停
N190	M05；	主轴停
N200	M30；	程序结束

3. 加工零件

1）开机回参考点，建立机床坐标系。

2）装夹工件。加工零件左端轮廓时，夹住毛坯外圆，伸出长度 35mm 左右；调头加工零件右端面时夹住 $\phi16_{-0.043}^{\ 0}$mm 外圆并进行找正，保证精度要求。

3）将外圆粗车刀、外圆精车刀、4mm 切槽刀、螺纹车刀按要求分别装入刀架相应刀号位置。工件装夹后将用到的刀具采用试切法进行对刀。

4）将数控程序全部输入数控机床中，进行模拟仿真。

5）加工零件左端轮廓时打开程序"O0032"，采用自动方式运行程序加工轮廓。

6）调头装夹后，打开程序"O0132"自动加工零件右端轮廓，精度控制方法同汽车变速器输出轴零件加工。

7）加工结束后，及时打扫机床，切断电源。

8）零件加工后，分析是否出现表 3-38 所列的误差项目，了解其产生原因，确定修正措施。

表 3-38 汽车转向器球头销零件出现的误差项目、产生原因及修正措施

误差项目	产生原因	修正措施
外圆柱面、成形面尺寸超差	编程尺寸计算或输入错误	编程尺寸采用中间尺寸,重新计算球面编程尺寸,核对输入程序
	刀具 X 方向和 Z 方向对刀不准	对 X 坐标时外圆测量保证准确,且对刀过程中在相应方向保证刀具不产生位移
	刀具磨损量设置不正确	确定刀具磨损量的设定方法,正确计算刀具磨损量的大小
	测量错误	学会游标卡尺、外径千分尺及圆弧样板的使用,掌握正确测量方法
	机床刀架和丝杠间隙大	修调机床刀架和丝杠间隙
球面形状不正确	编程尺寸计算或输入错误	重新计算圆锥面编程尺寸,核对输入程序
	刀具切削刃干涉	增大刀具主、副偏角
	刀尖与工件旋转中心不等高	调整外圆车刀刀尖高度
螺纹表面粗糙度超差	螺距不正确	核对程序中螺距数值,空刀导入量或导出量是否过小
	牙型不正确	重新刃磨刀具或选择螺纹车刀,保证刀尖角正确,检查螺纹车刀安装是否正确
	尺寸不正确	螺纹尺寸若偏大,重新调整车刀磨损量继续精车;螺纹尺寸偏小则是刀具磨损量偏大造成的
轮廓表面粗糙度超差	切削刃干涉	增大刀具主、副偏角
	刀具角度不正确或刀具磨损	选择较锋利的车刀,若刀具磨损则应及时换刀或修磨刀具
	切削用量选择不当	提高转速,减小背吃刀量和进给速度

3.3.3 汽车制动系统制动毂的编程与加工

汽车制动系统是汽车安全行驶的重要保障,制动毂是汽车制动系统中的重要零件,如图 3-24 所示。现加工一种汽车制动毂,零件图如图 3-25 所示,材料为 HT250,空心铸件毛坯,

图 3-24 汽车制动系统制动毂

主要加工表面为端面、凸缘及内轮廓表面，内轮廓表面中还有圆弧构成的成形面，在普通车床上加工较困难。

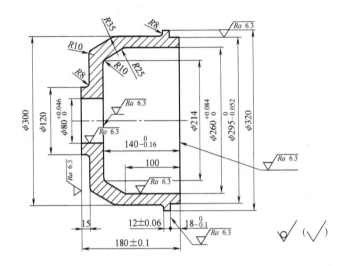

图 3-25　汽车制动系统制动毂零件图

1. 分析工艺

工件大部分外轮廓不需加工，加工面主要是内轮廓及右端凸缘面。刀具选用外圆车刀及内孔车刀，由于内表面还具有内阶梯面及内圆弧面，选择内孔车刀时需考虑主偏角大小，避免主切削刃发生干涉，如图 3-26 所示。当车不通孔、阶梯孔或内圆弧无预制孔时，车刀主偏角必须大于 90°。车不通孔刀杆尺寸还应满足 $a < R$ 要求（a 是刀尖到刀背尺寸，R 是内孔半径）。

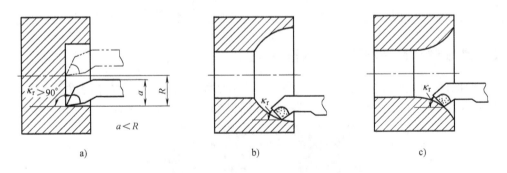

图 3-26　内圆弧车刀角度选择
a）不通孔及阶梯孔车刀　b）内凹圆弧车刀　c）内凸圆弧车刀

确定装夹方法：加工左端面时以内表面为定位基准用反自定心卡盘撑住内孔；车右端轮廓及内表面采用自定心卡盘装夹。由于零件尺寸较大，测量时选择相应规格的外径千分尺、游标卡尺和内径千分尺等量具。

零件材料为灰铸铁，切削中不需要使用切削液，车削工艺及各表面切削用量见表 3-39。

表 3-39 汽车制动系统制动毂加工工艺

工序名	定位 （装夹面）	工步序号及内容	刀具及刀号	转速 $n/(\text{r/min})$	进给量 $f/(\text{mm/r})$	背吃刀量 a_p/mm
车	反自定心卡盘 撑住毛坯内孔	车左端面	外圆车刀，刀号 T01	600	0.2	2～7
	夹住外圆毛坯	1. 车端面及 $\phi295\,^{0}_{-0.052}$ mm 外圆	外圆车刀，刀号 T01	600	0.2	2～7
		2. 粗车内轮廓	内孔粗刀，刀号 T02	600	0.2	2～7
		3. 精车内轮廓	内孔精车刀，刀号 T03	800	0.1	0.3～0.5

2. 编写程序

手动车左端面不需编程，右端面及凸缘面用 G90 指令编程。内轮廓粗加工采用轮廓切削循环 G71 或 G73 指令，精加工采用 G70 指令，工件原点选择在工件装夹后右端面中心点，程序名"O0033"，参考程序见表 3-40。

表 3-40 车制动毂右端轮廓加工参考程序

程序段号	程序内容	指令含义
N10	G40 G99 M3 S600;	主轴正转，转速 600r/min
N20	T0101;	选 T01 号外圆车刀
N30	G00 X330.0 Z5.0;	刀具快速移至循环起点
N40	G90 X303.0 Z－17.5;	第一次车 $\phi295\,^{0}_{-0.052}$ mm 外圆
N50	G90 X296.0 Z－17.5;	第二次车 $\phi295\,^{0}_{-0.052}$ mm 外圆
N60	G90 X294.974 Z－17.95;	第三次车 $\phi295\,^{0}_{-0.052}$ mm 外圆
N70	G00 X100.0 Z200.0;	刀具返回
N80	T0202;	换内孔粗车刀
N90	M3 S600;	主轴正转，转速 600r/min
N100	G00 X40 Z5.0 F0.2;	刀具快速移至循环起点
N110	G71 U2.0 R1.0;	设置循环参数，调用轮廓切削循环粗车内孔
N120	G71 P130 Q180 U-0.6 W0.3;	
N130	G01 X260.042 Z5.0;	刀具移至孔口（精加工路径第一段程序）
N140	Z－100.0,R25;	车 $\phi260\,^{+0.084}_{0}$ mm 内孔并倒圆
N150	X214.0 Z－139.92,R10;	车内圆锥并倒圆
N160	X80.023;	车内台阶面
N170	Z－182.0;	车 $\phi80\,^{+0.046}_{0}$ mm 内孔
N180	X60.0;	刀具 X 方向切出（精加工路径最后一段程序）
N190	G00 X100.0 Z200.0;	刀具退回
N200	T0303;	换内孔精车刀
N210	M03 S800 F0.1;	设置精车用量
N220	G70 P130 Q180;	调用循环精车内轮廓
N230	G00 X100.0 Z200.0;	刀具返回
N240	M05;	主轴停
N250	M30;	程序结束

3. 加工零件

1）开机回参考点，建立机床坐标系。

2）装夹工件。加工零件左端面时，用反自定心卡盘撑住毛坯内孔表面；调头加工零件右端轮廓时夹住 $\phi300mm$ 外圆并进行找正，以保证加工余量均匀。

3）将外圆粗车刀、内孔粗车刀、内孔精车刀按要求分别装入刀架相应刀号位置。工件装夹后将用到的刀具采用试切法进行对刀。其中内孔车刀对刀方法如下：

① Z 轴对刀。借助钢直尺等工具使刀具刀尖与工件右端面对齐，如图 3-27 所示，然后进行面板操作，面板操作内容与外圆车刀 Z 方向对刀相同。

② X 轴对刀。主轴正转，转速 400r/min，切换成手动（JOG）方式移动内孔车刀试切内孔，深 2～3mm，再沿 +Z 方向退出，停车，测量所车内孔直径，如图 3-28 所示，然后通过面板操作将其值输入刀具相应长度补偿中。

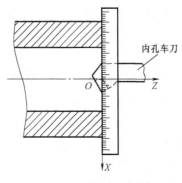

图 3-27　Z 轴对刀示意图

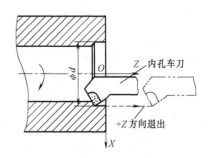

图 3-28　X 轴对刀示意图

4）将数控程序输入数控机床中，进行模拟仿真。

5）加工零件右端轮廓时打开程序"O0033"，采用自动方式运行程序加工轮廓并进行尺寸精度控制，精度控制时应注意内孔车刀刀具磨损量设置与外圆车刀相反，具体如下：

内孔精车余量为 0.2mm（单边），粗车 $\phi260^{+0.084}_{0}$ mm 内孔后实测尺寸为 $\phi260.60mm$，直径还小 0.4～0.484mm，取平均值为 0.442mm，单边值为 0.221mm，则应将内孔精车刀具磨损设为（−0.221 +0.2）mm = −0.021mm。

6）加工结束后，及时打扫机床，切断电源。

7）零件加工后，分析是否出现表 3-41 所列的误差项目，了解其产生原因，确定修正措施。

表 3-41　汽车制动系统制动毂零件出现的误差项目、产生原因及修正措施

误差项目	产生原因	修正措施
外圆柱面、内孔表面尺寸超差	编程尺寸计算或输入错误	编程尺寸采用中间尺寸，重新计算圆锥面编程尺寸，核对输入程序
	刀具 X 方向和 Z 方向对刀不准	对 X 坐标时内孔测量保证准确，且对刀过程中在相应方向保证刀具不产生位移
	刀具磨损量设置不正确	区分外圆和内孔车刀刀具磨损量的设定方法，正确计算其刀具磨损量的大小
	测量错误	学会使用尺寸较大的游标卡尺、外径千分尺、内径千分尺，掌握正确的测量方法
	机床刀架和丝杠间隙大	修调机床刀架和丝杠间隙

（续）

误差项目	产生原因	修正措施
零件总长尺寸超差	工件装夹歪斜	装夹工件时仔细找正
	测量错误	学会较大尺寸的测量方法和大量具的使用
轮廓面表面粗糙度超差	内孔车刀切削刃干涉	选择主偏角较大的内孔车刀
	刀具角度不正确或刀具磨损	选择前角较大、较锋利的精车刀,若刀具磨损则应及时换刀或修磨刀具
	切削用量选择不当	精车时提高转速,减小背吃刀量和进给速度

3.3.4　汽车液压系统螺纹管接头的编程与加工

液压系统在汽车中广泛应用,如冷却系统、润滑系统、制动系统及燃油系统等;液压系统中,螺纹管接头是最常见的零件之一,图 3-29 所示为汽车液压系统中常见的螺纹管接头。

图 3-29　常见的螺纹管接头

现在数控车床上加工一种汽车液压系统的螺纹管接头,零件图如图 3-30 所示。材料为 45 钢,毛坯尺寸为 $\phi40\text{mm} \times 55\text{mm}$,凸缘部分六角形状车削后在铣床上完成加工,车削主要完成圆锥外螺纹、内槽及圆柱内螺纹表面的加工。

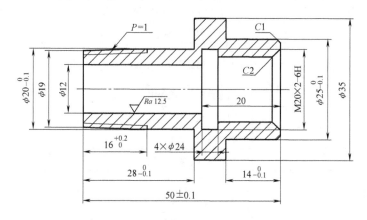

图 3-30　螺纹管接头零件图

1. 分析工艺

螺纹管接头零件的外圆、长度尺寸精度不高,用外圆车刀粗车即可。$\phi12\text{mm}$ 内孔采用钻中心孔、钻孔方法加工。圆柱内螺纹精度要求较高,需分粗、精加工,加工内螺纹前还需用内切槽刀加工内槽,加工后需用螺纹塞规测量。圆锥外螺纹是 1:16 标准圆锥螺纹,可用标准圆锥螺纹量规测量，加工步序及各表面加工用量见表3-42。

表3-42 汽车液压系统螺纹管接头加工工艺

工序名	定位 （装夹面）	工步序号及内容	刀具及刀号	转速 $n/(\text{r/min})$	进给量 $f/(\text{mm/r})$	背吃刀量 a_p/mm
车	夹住外圆毛坯	1. 车右端面、外圆	外圆车刀，刀号T01	600	0.2	2~4
		2. 手动钻中心孔	A3中心钻	1000	0.1	
		3. 手动钻ϕ12mm孔	ϕ12mm麻花钻	600	0.1	
		4. 车内螺纹底孔	内孔车刀，刀号T02	600	0.1	1~4
		5. 车内沟槽	内切槽刀，刀号T03	400	0.1	4
		6. 粗、精车内螺纹	内螺纹车刀，刀号T04	350	2	0.1~0.4
	夹住$\phi25_{-0.1}^{0}$mm 外圆	1. 车左端外轮廓	外圆车刀，刀号T01	600	0.2	2~4
		2. 粗、精车圆锥螺纹	外螺纹车刀，刀号T05	350	1	0.1~0.4

2. 编写程序

（1）编写车右端轮廓程序　内螺纹采用G92指令编程，以方便控制螺纹精度，空刀导入量取4mm，空刀导出量取2mm，编程时还需计算底孔直径、螺纹牙深及每次背吃刀量；其中螺纹底孔直径 $D_{孔}=D-P=20\text{mm}-2\text{mm}=18\text{mm}$，$h_{1实}=0.65P=1.3\text{mm}$，分5次切削，每次背吃刀量（直径值）分别为0.8mm、0.6mm、0.6mm、0.4mm、0.2mm。

外轮廓用轮廓粗、精加工复合循环指令加工，工件坐标系原点选择在装夹后右端面中心点，参考程序见表3-43，程序名"O0040"。

表3-43 车右端轮廓参考程序

程序段号	程序内容	指令含义
N10	G40　G99　G80　G21;	设置初始状态
N20	M3　S600　M08　T0101;	设置工件转速，切削液开，调用外圆车刀
N30	G00　X40.0　Z5.0;	刀具移至循环起点
N40	G71　U2　R1;	调用轮廓循环车外轮廓
N50	G71　P60　Q120　U0　W0;	
N60	G01　X0　F0.1;	精车轮廓第一段程序
N70	Z0;	刀具车至端面
N80	X24.95,C1;	精车端面并倒角
N90	Z−13.95;	车$\phi25_{-0.1}^{0}$mm外圆
N100	X35.0;	车台阶
N110	Z−24.0;	车ϕ35mm外圆
N120	X38.0;	X方向切出（精车轮廓最后一段程序）
N130	G00　X100.0　Z200.0;	刀具返回换刀点
N140	M3　S1000;	主轴转速1000r/min
N150	M00;	程序停，钻中心孔
N160	M3　S600;	主轴转速600r/min

（续）

程序段号	程序内容	指令含义
N170	M00；	程序停，钻 $\phi12$mm 孔
N180	T0202；	换内孔车刀
N190	G00　X10.0　Z5.0；	刀具移到循环起点
N200	G90　X17.0　Z−20.0；	调用循环第一次车螺纹底孔
N210	G00　X22.0　Z5.0；	刀具 Z 方向退回
N220	G01　Z0；	第二次车螺纹底孔
N230	X18.0　Z−2.0；	
N240	Z−20.0；	
N250	X16.0；	
N260	G00　Z5.0；	刀具 Z 方向退出
N270	G00　X100.0　Z200.0　M09；	刀具返回换刀点，切削液停
N280	T0303；	换内槽刀
N290	M03　S400　M08；	设置车内槽转速，切削液开
N300	G00　X10.0　Z4.0；	刀具移至切削起点
N310	Z−20.0；	Z 方向进刀
N320	G01　X24.0；	切内槽并退出刀具
N330	G04　X2.0；	
N340	X10.0；	
N350	G00　Z5；	
N360	G00　X100.0　Z200.0　M09；	刀具返回换刀点，切削液停
N370	T0404；	换内螺纹车刀
N380	M03　S350　M08；	设置车螺纹转速，切削液开
N390	G00　X15.0　Z4.0；	刀具移至循环起点
N400	G92　X18.2　Z−18.0　F2.0；	第一次车内螺纹
N410	G92　X18.8　Z−18.0　F2.0；	第二次车内螺纹
N420	G92　X19.4　Z−18.0　F2.0；	第三次车内螺纹
N430	G92　X19.8　Z−18.0　F2.0；	第四次车内螺纹
N440	G92　X20.0　Z−18.0　F2.0；	第五次车内螺纹
N450	G00　X100.0　Z200.0；	刀具返回换刀点
N460	M05　M09；	主轴停，切削液停
N470	M30；	程序结束

（2）编写零件左端轮廓程序　左端轮廓主要的加工难点是车削圆锥外螺纹，此处采用
G76 螺纹切削循环指令编程。工件坐标系原点选择在工件装夹后右端面中心点，参考程序见
表3-44，程序名"O0041"。

表3-44　车左端轮廓参考程序

程序段号	程序内容	指令含义
N10	G40　G99　G80　G21；	设置初始状态
N20	M3　S600　M08；	设置工件转速,切削液开
N30	T0101；	调用外圆车刀
N40	G00　X40.0　Z5.0；	刀具移至循环起点
N50	G71　U2.0　R1.0；	调用轮廓循环车外轮廓
N60	G71　P70　Q120　U0.6　W0.2；	
N70	G01　X0　F0.1；	精车轮廓子程序第一段
N80	Z0；	刀具车至端面
N90	X19.0；	车端面
N100	X19.95　Z-16.1；	车圆锥
N110	Z-27.95；	车 $\phi20_{-0.1}^{0}$ mm 外圆
N120	X38.0；	X方向切出(精车轮廓最后一段程序)
N130	M03　S1000；	设置精车速度
N140	G70　P70　Q120；	调用精车轮廓循环精加工外轮廓
N150	G00　X100.0　Z200.0；	刀具返回换刀点
N160	T0505；	换外螺纹车刀
N170	M03　S350　M08；	设置车螺纹转速,切削液开
N180	G00　X30.0　Z4.0；	刀具移至循环起点
N190	G76　P021160　Q100　R50；	设置螺纹参数,调用螺纹切削复合循环
N200	G76　X12.0　Z-16.1　R-0.5　P650　Q400　F1.0；	
N210	G00　X100.0　Z200.0　M09；	刀具退回至换刀点,切削液停
N220	M05；	主轴停
N230	M30；	程序结束

3. 加工零件

1）开机回参考点,建立机床坐标系。

2）装夹工件。加工零件右端轮廓时,夹住毛坯外圆,伸出30mm;调头加工零件左端面时夹住 $\phi25_{-0.1}^{0}$ mm 外圆并进行找正。

3）将外圆车刀、内孔车刀、内切槽刀、内螺纹车刀及外螺纹车刀按要求分别装入T01、T02、T03、T04、T05号刀位。工件装夹后将用到的刀具采用试切法进行对刀。其中外螺纹车刀刀尖角平分线垂直于工件轴线,内切槽刀和内螺纹车刀对刀方法与内孔车刀相似。

4）将数控程序输入数控机床中,进行模拟仿真。

5）加工零件右端轮廓时打开程序"O0040",采用自动方式运行程序加工轮廓并进行尺寸精度控制。

6）加工零件左端轮廓时打开程序"O0041",采用自动方式运行程序加工轮廓并进行尺寸精度控制。

7）加工结束后，及时打扫机床，切断电源。

8）零件加工后，分析是否出现表3-45所列的误差项目，了解其产生原因，确定修正措施。

表3-45 汽车液压系统螺纹管接头零件出现的误差项目、产生原因及修正措施

误差项目	产生原因	修正措施
外圆柱面尺寸超差	编程尺寸计算或输入错误	编程尺寸采用中间尺寸,重新计算圆锥面编程尺寸,核对输入程序
	刀具X方向和Z方向对刀不准	对X坐标时外圆测量保证准确,且对刀过程中在相应方向保证刀具不产生位移
	刀具磨损量设置不正确	确定刀具磨损量的设定方法,正确计算刀具磨损量的大小
	测量错误	学会使用游标卡尺、外径千分尺,掌握正确测量方法
	机床刀架和丝杠间隙大	修调机床刀架和丝杠间隙
外圆柱面表面粗糙度超差	工艺系统刚性不足	调整机床刚性,工件伸出长度不能太长
	刀具角度不正确或刀具磨损	选择主偏角较大、较锋利的车刀减小径向力,若刀具磨损则应及时换刀或修磨刀具
	切削用量选择不当	提高转速,减小背吃刀量和进给速度
圆锥螺纹精度超差	螺距不正确	核对程序中螺距数值,增大空刀导入量或空刀导出量
	牙型不正确	重新刃磨刀具或选择螺纹车刀,保证刀尖角正确,检查螺纹车刀安装是否正确
	尺寸不正确	螺纹尺寸若偏大,重新调整车刀磨损量继续精车;若锥度不正确,则重新计算圆锥面编程尺寸
	牙型高度不一致	设置空刀导入量及空刀导出量后,应重新计算螺纹大、小端编程尺寸
	牙侧表面粗糙度超差	保持车刀锋利,选择合适的切削用量,充分浇注切削液
圆柱内螺纹精度超差	螺距不正确	核对程序中螺距数值,空刀导入量或空刀导出量是否过小
	牙型不正确	重新刃磨刀具或选择螺纹车刀,保证刀尖角正确,检查螺纹车刀安装是否正确
	尺寸不正确	螺纹尺寸若偏大,重新调整车刀磨损量继续精车;螺纹尺寸偏小则是刀具磨损量偏大造成的
	牙侧表面粗糙度超差	保持车刀锋利,选择合适的切削用量,充分浇注切削液

3.3.5 汽车变速器变速齿轮坯的编程与加工

汽车变速器大都由齿轮变速构成，图3-31所示为常见的变速齿轮。变速齿轮的齿坯都是在车床上进行加工的，现加工一种汽车变速器中的双联齿轮坯，零件图如图3-32所示。材料为45钢，毛坯尺寸为ϕ65mm×55mm。

1. 分析工艺

齿轮坯主要表面有内孔、外圆及沟槽，需用到外圆车刀、内孔车刀、外槽车刀和端面槽车刀。其中外圆和内孔尺寸精度较高，需分粗、精加工完成；零件外圆及右端面对

图 3-31　常见变速齿轮

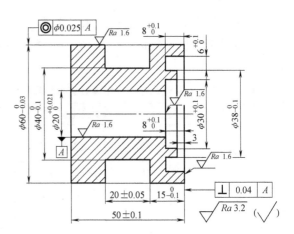

图 3-32　双联齿轮坯零件图

内孔轴线有较高的位置精度要求，需采用合理的定位装夹方法保证，此处采用先终加工 $\phi 12^{+0.021}_{0}$ mm 内孔和右端面，再以内孔为定位基准装夹在圆柱心轴上加工外圆的方法保证其位置精度。

齿轮坯中端面槽的加工方式与外槽相同，宽度较小的窄槽一般采用直进法切削，如图 3-33 所示。为避免刀具外侧刀面与工件表面干涉，外侧刀面应磨成圆弧形，且圆弧半径小于被切端面槽外侧圆弧半径。直槽较深、较宽时，应分多次进给切削以便于排屑；此处端面槽采用刀头宽为 4mm 的端面槽车刀分两次进给进行加工。外沟槽较宽、较深时，采用外槽车刀调用切槽循环加工。

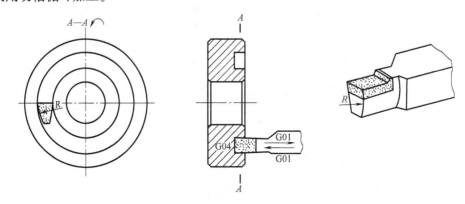

图 3-33　端面槽车刀尺寸及进刀方式

量具选择：沟槽宽度尺寸用游标卡尺测量，槽深度尺寸用深度千分尺测量，其他量具同前面零件尺寸的测量。齿轮坯加工步序及各表面加工用量见表 3-46。

表 3-46　汽车变速器齿轮坯加工工艺

工序名	定位（装夹面）	工步序号及内容	刀具及刀号	转速 $n/(r/min)$	进给量 $f/(mm/r)$	背吃刀量 a_p/mm
车	夹住外圆毛坯	1. 车端面控制总长	外圆车刀，刀号 T01	600	0.2	2～4
		2. 手动钻中心孔	A3 中心钻	1000	0.1	
		3. 手动钻 $\phi 16$mm 孔	$\phi 16$mm 麻花钻	400	0.1	

（续）

工序名	定位（装夹面）	工步序号及内容	刀具及刀号	转速 $n/(\text{r/min})$	进给量 $f/(\text{mm/r})$	背吃刀量 a_p/mm
车	夹住外圆毛坯	4. 粗车内孔	内孔粗车刀,刀号 T03	600	0.2	1~3
		5. 车端面槽	切槽刀,刀号 T05	400	0.08	1~4
		6. 精车内孔	内孔精车刀,刀号 T04	1000	0.1	0.3
	将 $\phi20^{+0.021}_{0}$ mm 内孔装夹在心轴上	1. 粗车外圆	外圆粗车刀,刀号 T01	600	0.2	2~4
		2. 精车外圆	外圆精车刀,刀号 T02	600	0.1	0.3
		3. 车外槽	外槽车刀,刀号 T06	400	0.1	1~4

2. 编写程序

（1）编写车右端面槽及内孔程序　车端面控制总长采用手动切削方式，不需编程，手动钻中心孔、钻孔也不需编程。端面槽刀以内侧刀尖为刀位点进行编程及对刀。工件坐标系原点选择在工件装夹后右端面中心点，参考程序见表3-47，程序名"O0050"。

表3-47　车端面槽及内孔轮廓参考程序

程序段号	程序内容	指令含义
N10	G40　G99　G80　G21；	设置初始状态
N20	T0303；	调用内孔车刀
N30	M3　S600　M08；	设置工件转速,切削液开
N40	G00　X12.0　Z5.0；	刀具移至循环起点
N50	G71　U2.0　R1.0；	调用轮廓循环粗车内轮廓
N60	G71　P70　Q130　U-0.6　W0.1；	
N70	G01　X40.0　F0.1；	精车轮廓子程序第一段
N80	Z-3.0；	刀具车至内端面
N90	X30.05；	车内端面
N100	Z-8.05；	车 $\phi30^{+0.1}_{0}$ mm 内孔
N110	X20.0105；	车内台阶
N120	Z-52.0；	车 $\phi20^{+0.021}_{0}$ mm 内孔
N130	X15.0；	X方向切出（精车轮廓最后一段程序）
N140	G00　X100.0　Z200.0；	刀具返回换刀点
N150	T0505；	换端面槽车刀
N160	M03　S400　M08；	设置切槽用量,切削液开
N170	G00　X37.95　Z5.0；	刀具移至进刀点
N180	G01　Z-8.05　F0.08；	车至槽底
N190	G04　X2.0；	槽底暂停2s
N200	Z5.0；	X方向切出
N210	G00　X41.95；	
N220	G01　Z-8.05　F0.08；	
N230	G04　X2.0；	第二次车槽控制端面槽宽度
N240	Z5.0；	

（续）

程序段号	程序内容	指令含义
N250	G00　X100.0　Z200.0　M09；	刀具退回
N260	T0404；	换内孔精车刀
N270	M03　S1000　F0.1　M08；	设置精车内孔用量，切削液开
N280	G71　P70　Q130；	调用精车循环车内孔
N290	G00　X100.0　Z200.0　M09；	刀具退回至换刀点，切削液停
N300	M05；	主轴停
N310	M30；	程序结束

（2）编写车外轮廓程序　工件坐标系原点选择在工件装夹后右端面中心点，参考程序见表3-48，程序名"O0051"。

表3-48　车外轮廓参考程序

程序段号	程序内容	指令含义
N10	G40　G99　G80　G21；	设置初始状态
N20	T0101；	调用外圆车刀
N30	M3　S600　M08　；	设置工件转速，切削液开
N40	G00　X65.0　Z5.0；	刀具移至切削起点
N50	G90　X60.6　Z-51.0　F0.2；	调用循环车外圆
N60	G00　X100.0　Z200.0　M09；	刀具退回至换刀点，切削液停
N70	T0202；	换外圆精车刀
N80	M03　S1000　M08；	设置精车转速，切削液开
N90	G90　X59.985　Z-51.0　F0.1；	调用循环车外圆
N100	G00　X100.0　Z200.0　M09；	刀具退回至换刀点，切削液停
N110	T0606；	换外槽车刀
N120	M03　S400　M08；	设置切槽用量，切削液开
N130	G00　X70.0　Z-18.95；	刀具移至循环起点
N140	G75　R1.0；	调用切槽循环切外槽
N150	G75　X39.95　Z-34.95　P2000　Q3500　F0.1；	
N160	G00　X100.0　Z200.0　M09；	刀具退回至换刀点，切削液停
N170	M05；	主轴停
N180	M30；	程序结束

3. 加工零件

1）开机回参考点，建立机床坐标系。

2）装夹工件。加工零件端面槽及内轮廓时，夹住毛坯外圆。加工外圆及外槽时将工件以内孔定位装夹在圆柱心轴上，再将心轴装夹在两顶尖上，以保证外圆轴线对内孔轴线的同轴度要求。

3）将外圆粗车刀、外圆精车刀、内孔粗车刀、内孔精车刀、端面槽车刀及外槽车刀按要求分别装入 T01、T02、T03、T04、T05、T06 号刀位。车削过程中将用到的刀具采用试切法进行对刀。其中端面槽车刀对刀方法如下。

①Z方向对刀。起动主轴正转，手动（JOG）方式下将端面槽车刀切削刃碰至工件端面，沿+X方向退出刀具，如图3-34所示。然后进行面板操作，面板操作步骤与外圆车刀相同。

②X方向对刀。起动主轴正转，手动（JOG）方式下用端面槽车刀内侧刀尖试切工件外圆面，沿+Z方向退出刀具，如图3-35所示。停车，测量外圆直径，然后进行面板操作，面板操作步骤与外圆车刀X方向对刀相同。

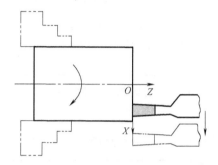

图3-34　端面槽车刀Z方向对刀示意图

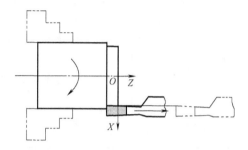

图3-35　端面槽车刀X方向对刀示意图

4）将数控程序输入数控机床中进行模拟仿真。

5）夹住毛坯外圆，车两端面，控制总长。手动钻中心孔及钻φ16mm孔。

6）加工零件内轮廓时打开程序"O0050"，采用自动方式运行程序加工并进行尺寸精度控制。

7）加工零件外端轮廓时打开程序"O0051"，采用自动方式运行程序加工并进行尺寸精度控制。

8）加工结束后，及时打扫机床，切断电源。

9）零件加工后，分析是否出现表3-49所列的误差项目，了解其产生原因，确定修正措施。

表3-49　汽车变速器双联齿轮坯零件出现的误差项目、产生原因及修正措施

误差项目	产生原因	修正措施
外圆柱面、内孔表面尺寸超差	编程尺寸计算或输入错误	编程尺寸采用中间尺寸，核对输入程序
	刀具X方向和Z方向对刀不准	对X坐标时外圆及内孔时测量保证准确，且对刀过程中在相应方向保证刀具不产生位移
	刀具磨损量设置不正确	区分外圆车刀及内孔车刀刀具磨损量的设定方法，正确计算刀具磨损量的大小
	测量错误	学会使用游标卡尺、外径千分尺、内径千分尺，掌握正确测量方法
	机床刀架和丝杠间隙大	修调机床刀架和丝杠间隙
外圆柱面、内孔表面表面粗糙度超差	内孔车刀干涉	选择合适内孔车刀刀杆尺寸及合理主偏角，防止主切削刃干涉
	刀具角度不正确或刀具磨损	选择主偏角较大、较锋利的车刀减小径向力，若刀具磨损则应及时换刀或修磨刀具
	切削用量选择不当	提高转速，减小背吃刀量和进给速度

（续）

误差项目	产生原因	修正措施
端面槽尺寸超差	编程尺寸计算或输入错误	编程尺寸采用中间尺寸,重新计算分步切削时的编程尺寸,核对输入程序
	刀具 X 方向和 Z 方向对刀不准	对 X 坐标时外圆测量保证准确,且对刀过程中在相应方向保证刀具不产生位移
端面槽表面粗糙度超差	刀具干涉,车刀角度不正确,刀具磨损,切削用量不正确	避免刀具后刀面干涉,保持车刀锋利,选择合适的切削用量,充分浇注切削液
外槽尺寸超差	编程尺寸计算或输入错误	编程尺寸采用中间尺寸,重新确定切槽循环参数,核对输入的程序
	刀具 X 方向和 Z 方向对刀不准	对 X 坐标时外圆测量保证准确,且对刀过程中在相应方向保证刀具不产生位移
外槽表面粗糙度超差	车刀角度不正确,刀具磨损,切削用量不正确	保持车刀锋利,选择合适的切削用量,充分浇注切削液

思 考 与 练 习

1. 简述数控车床开机与关机的操作顺序。

2. 说出发那科数控系统［ALTER］、［DELETE］、［INSERT］、［CAN］、［EOB］键的功能含义。

3. 说出发那科数控系统［PROG］、［POS］、［OFFSET］、［SYSTEM］、［MESSAGE］、［CUSTMGRAPH］键的功能含义。

4. 说出发那科数控系统［AUTO］、［EDIT］、［MDI］、［REF］、［JOG］、［HANDLE］键的功能含义。

5. 简述发那科系统数控车床手动回机床参考点的操作步骤。

6. 发那科系统数控车床在什么情况下需重新回机床参考点?

7. 简述在发那科系统数控车床上如何采用刀具长度补偿法进行对刀。

8. G00 指令和 G01 指令有何区别? 各使用在什么场合?

9. 数控车床上如何判别圆弧插补方向?

10. 简述发那科系统 G90 指令的格式和含义。

11. G90 指令加工内、外圆锥面时, 锥度量 R 的正负如何确定?

12. 车削螺纹为何要设置空刀导入量和空刀导出量? 其值如何确定?

13. 用 G32 指令加工圆柱螺纹与圆锥螺纹, 其格式有何不同?

14. 用 G92 指令加工圆柱螺纹与圆锥螺纹, 其格式有何不同?

15. 车螺纹时, 进刀方式有哪几种? 螺距较小时常采用哪种进刀方式?

16. 调用轮廓切削复合循环 G71 指令应注意哪些问题?

17. 调用轮廓切削复合循环 G71 指令，车内、外轮廓时，Δu 如何选择？

18. 车三角形螺纹前，外螺纹底圆柱直径如何确定？为什么？

19. 圆锥螺纹起始点直径、螺纹终点直径如何计算？

20. 车三角形内螺纹前，内螺纹底孔直径尺寸如何计算？为什么？

21. G73 与 G71 指令相比有何区别？

22. FANUC 0i-Mate-TD 系统程序名有何要求？主程序名与子程序名有何区别？

23. 如何调用发那科系统子程序？

24. 编写图 3-36 所示的汽车变速器齿轮传动轴数控加工程序并进行加工练习，材料为 45 钢，毛坯尺寸为 $\phi 30mm \times 80mm$。

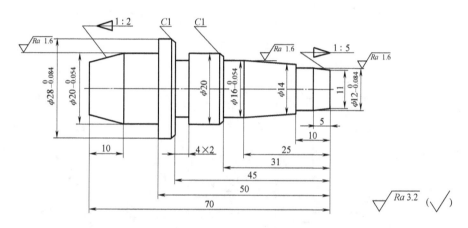

图 3-36 汽车变速器齿轮传动轴

25. 编写图 3-37 所示的凹圆弧滚压轴零件数控加工程序并进行加工练习，材料为 45 钢，毛坯尺寸为 $\phi 30mm \times 65mm$。

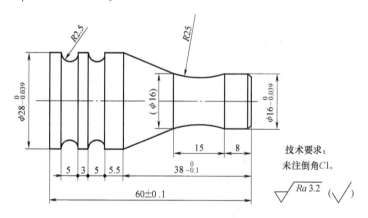

图 3-37 凹圆弧零件

26. 编写图 3-38 所示的内锥孔零件数控加工程序并进行加工练习，材料为 45 钢，毛坯尺寸为 $\phi 60mm \times 60mm$。

27. 编写图 3-39 所示的螺纹轴套数控加工程序并进行加工练习，材料为 45 钢，毛坯尺寸为 $\phi 50mm \times 90mm$。

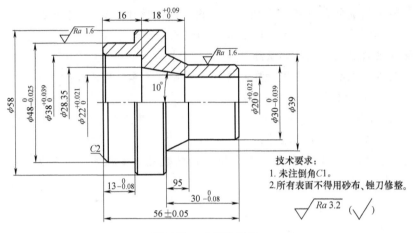

图 3-38　内锥孔零件

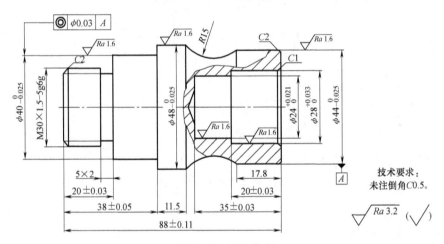

图 3-39　螺纹轴套

28. 编写图 3-40 所示的双槽连接盘数控加工程序并进行加工练习，材料为 45 钢，毛坯尺寸为 $\phi70\text{mm} \times 30\text{mm}$。

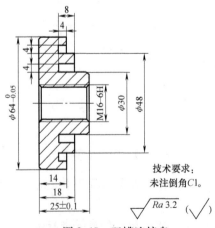

图 3-40　双槽连接盘

第4章
数控铣削编程与加工

汽车中箱体类、支架类零件的平面、型腔、槽、孔等表面加工都是在铣床上进行的，数控铣床因其独特优势，已逐渐取代普通铣床，熟练使用数控铣床加工零件已成为汽车制造和零部件加工专业方向学生的一项基本技能。本章通过对数控铣床操作、基本编程指令及典型零件的加工练习的介绍，使学生对一般汽车中常见的铣削类零件会进行编程加工。

4.1 数控铣床基本操作

学习目标

- 会操作数控铣床数控面板和机床控制面板
- 会手工输入数控程序及编辑数控程序
- 会进行数控铣刀的对刀操作
- 会进行 MDI 运行、单段运行及程序自动运行等操作
- 会查找发那科系统数控铣床报警信息并进行处理

数控铣床操作的根本任务是使用数控加工程序，铣削出合格的零件。数控铣床上配置的系统不同，机床的操作面板也不同，但各开关、按钮的功能及操作方法类似。常见的基本操作有：开机、关机、回参考点、程序输入、编辑、手动操作、MDI 运行、自动运行等。

4.1.1 数控铣床开机、关机及面板功能介绍

数控铣床正确、安全地开机和关机关系到电气设备和数控系统的使用寿命，在数控铣床的电气控制柜上有一个通断机床总电源的旋钮开关，如图4-1所示。数控系统面板上还有一个数控系统的电源按钮开关，如图4-2所示。开机和关机要按照正确的顺序通断这两个开关。

1. 开机

开机前要检查电压、气压、润滑油压是否符合工作要求，排除一切可能影响机床和人身安全的不利因素。具体开机步骤如下：

1）旋转电气控制柜开关至"1"位，打开机床总电源。

2）按下系统面板电源开启按钮，系统加载结束后完成开机操作。

通常采用相对位置编码器的数控铣床，开机完成后应立即进行回参考点操作，建立机床坐标系。开机完成后最好让机床等待15min后再进行加工，使之达到热平衡状态。为了避免

图 4-1　总电源旋钮开关

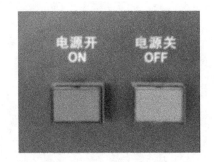

图 4-2　系统电源按钮开关

损坏电气元件，关机后必须等待 5min 以上才可再次开机。

2. 关机

关机前要把刀具从主轴上卸下，把机床工作台移至机床正中间，将主轴抬至较高位置，按面板上【RESET】键让机床处于复位状态。具体关机步骤如下：

1）按下系统面板电源关闭按钮。

2）旋转电气控制柜开关至"0"位，完成关机操作。

3. 面板功能

数控铣床面板主要由 CRT/MDI 面板和机床控制面板两部分组成，如图 4-3 所示，CRT/

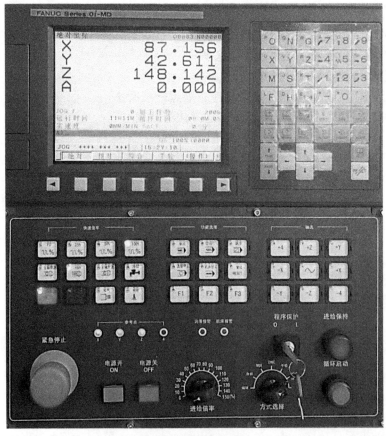

图 4-3　数控铣床面板

MDI 面板在上方，由数控系统制造商提供，其界面布局已经固定，机床生产厂家不能更改。机床控制面板在下方，由各机床生产厂家自行设计制造，因此控制面板按钮和旋钮布局各不相同，但实现的功能基本一样。

1）CRT/MDI 面板。包括 CRT 液晶显示区和 MDI 系统键盘区，如图 4-4 所示。CRT 液晶显示区包括液晶显示屏和对应的功能软键，MDI 系统键盘包括地址/数据输入键、功能键、光标键等。CRT/MDI 系统键盘主要按键功能见表 4-1。

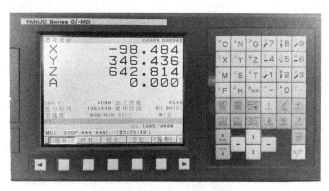

图 4-4 CRT/MDI 操作面板

表 4-1 FANUC 0i-MD 系统 CRT/MDI 系统键盘主要按键功能

序号	名称	图标	说明
1	复位键	RESET	用于停止机床动作,停止程序运行、消除报警、使机床复位等
2	地址/数据键	(地址/数据键图标)	用于程序及机床数据的输入
3	上档键	SHIFT	用于切换输入地址/数据键上右下角的字母/数字
4	取消键	CAN	用于删除输入缓存区的最后一个字符
5	输入键	INPUT	用于系统中相关参数的输入,如刀具补偿值的输入
6	替换键	ALTER	用于替换程序中的程序字

（续）

序号	名称	图　标	说　明
7	插入键	INSERT	用于将输入缓存区的程序段(字)插入到程序中
8	删除键	DELETE	用于删除程序中的程序字
9	光标键	← ↑ ↓ →	用于更改程序段(字)及数据输入区中的光标位置
10	翻页键	↑ PAGE / PAGE ↓	用于屏幕显示位置的前后翻页
11	软键	绝对 相对 综合 OPRT	位于显示屏下方,中间5个软键与屏幕中的菜单对应,左右两个箭头软键用于上级、下级及扩展菜单

2）机床控制面板。主要由旋钮、按钮及指示灯组成，如图4-5所示。主要按钮（旋钮）包括电源开关按钮、紧急停止按钮、模式选择旋钮、进给倍率修调旋钮、轴功能按钮、循环启动按钮、进给保持按钮、主轴转速倍率修调按钮、其他辅助按钮等，控制面板主要按钮功能见表4-2。通过对控制面板旋钮和按钮的操作能够实现坐标轴移动、程序输入、自动加工等，数控机床的模式决定机床当前处于何种状态，实现何种功能，不同模式之间通过旋钮（或按钮）切换，任何时刻一般只允许存在一种模式，各种模式功能见表4-3。

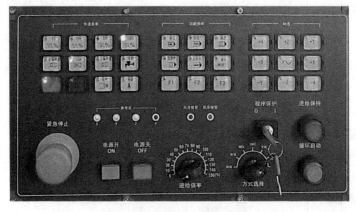

图4-5　数控铣床控制面板

表4-2 数控铣床控制面板主要按钮功能

序号	名称	图标	说明
1	系统电源按钮		用于数控系统通电和断电 ON:系统电源打开 OFF:系统电源关闭
2	紧急停止按钮		用于紧急情况下强制停止主轴旋转及伺服电动机运转,按下EMG,机床会结束运行程序并提示EMG报警,机床面板和手轮上各有一个急停按钮
3	模式选择旋钮		用于EDIT(程序编辑)、MEM(自动加工)、MDI程序运行、DNC(在线加工)、HAND(手轮)、JOG(手动)及REF(回参考点)的切换
4	进给倍率修调旋钮		用于对坐标轴移动速度的修调,机床坐标轴实际移动速度等于编程速度乘以修调百分比
5	轴功能按钮		用于在JOG模式下移动机床坐标轴和在REF模式下的回参考点操作
6	循环启动按钮		用于运行MDI程序和内存中程序的自动加工
7	进给保持按钮		用于暂停正在执行的程序,按下进给保持按钮后,坐标轴会停止运动,主轴会继续旋转,程序停在当前行不再执行,只有再次按下【循环启动】按钮,程序才会继续执行
8	主轴倍率修调按钮		用于主轴转速的修调,主轴实际转速等于编程转速乘以修调倍率
9	单段加工开关按钮		单段加工开:在自动运转时,仅执行一个单节程序段,执行结束后【进给保持】灯亮 单段加工关:连续执行程序指令
10	空运行开关按钮		空运行开:以机床预先设置的进给速度替换程序中进给速度运行程序,一般运行速度较快,用于程序校验
11	程序段跳步开关按钮		跳步开:遇到前面有"/"符号的程序段,直接跳过不执行,往下执行没有该符号的程序段
12	选择停止开关按钮		选择停止开:当执行到程序中含有M01指令时,程序会暂停执行,进给保持灯亮
13	机床锁定开关按钮		机床锁定开:机床坐标轴运动会被锁定,一般用于程序校验

表4-3　数控铣床模式功能

序号	名　称	功　能
1	REF/回参考点模式	用于机床回参考点,回参考点时必须将模式选择为REF
2	JOG/手动模式	用于移动坐标轴、起动主轴、开切削液等操作
3	HAND/手轮模式	用于手轮移动坐标轴操作
4	RMT/在线加工模式	用于计算机与机床间边传输边加工
5	MDI模式	用于立即执行几段简短程序
6	MEM/自动加工模式	用于自动加工内存中存储的程序
7	EDIT/编辑模式	用于程序的输入与编辑

4.1.2　手动操作及回参考点操作

1. 手动起动主轴

在JOG（手动）模式或HAND（手轮）模式下，按控制面板上的主轴正转按钮可起动主轴正转，需要注意的是此时的转速为主轴上一次的转速，因此一般开机后在MDI模式下运行一段程序起动主轴，之后才能正常通过JOG（手动）模式起动主轴，按主轴停止按钮可停止主轴转动。

2. 手动移动坐标轴

1）手动快速进给。当需要快速移动机床坐标轴时，需要将模式旋钮选择为JOG（手动）模式，按控制面板上相应的轴功能按钮实现工作台前后左右移动和主轴上下移动，如图4-6所示。只要一直按住相应的键，坐标轴就一直以机床设定的速度连续运行，需要时可以通过进给速度修调开关调节移动速度。如果同时按下加速按钮■和相应轴功能按钮，则坐标轴以机床设置的快速进给速度运行。

2）手轮微量进给。当需要微量移动机床坐标轴时，需要将模式旋钮选择为HAND（手轮）模式，选择好手轮上的坐标轴和倍率，再旋转手轮上的脉冲发生器就可实现工作台精确地移动。例如，选择 X 轴，倍率选择 ×10，则手摇脉冲发生器转过1格，X 轴移动0.01mm，移动方向与手摇脉冲发生器的转向有关，顺时针转动坐标轴向正向移动，逆时针转动坐标轴向负向移动，手轮如图4-7所示。

图4-6　轴功能按钮

图4-7　手轮

在 JOG（手动）模式及 HAND（手轮）模式下，除了可以移动坐标轴和起动主轴外，还可以进行开切削液、装刀、卸刀等操作。

3. 回参考点操作

数控铣床的参考点是机床坐标系的原点，它的位置靠近各坐标轴的正向极限处，是机床制造商设置在机床上的一个物理位置，其作用是使数控机床与控制系统同步，建立测量机床运动坐标的起始点。采用相对位置编码器的数控铣床，开机后要进行"回参考点"操作，以此确定机床坐标系原点。具体操作步骤如下：

1）将模式旋钮选择为 REF（回参考点）模式。

2）分别按住图 4-6 中坐标轴按钮"+Z""+X""+Y"，直至坐标系界面中"机械坐标"值 Z、X、Y 值均显示为 0.000，即完成回参考点操作，如图 4-8 所示。

为了避免回参考点时出现撞机事故，一般先回 Z 轴参考点，再回 X、Y 轴参考点。有些数控铣床回参考点只要按一下对应轴的正向按钮，便可自行回参考点，不需要按住不放。对于采用绝对位置编码器的数控铣床，机床断电

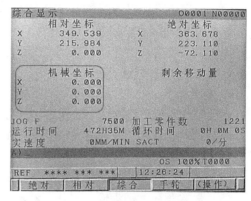

图 4-8　机械坐标回零界面

后由备用电池给编码器供电，并且编码器能存储当前坐标轴位置，因此开机后不需要进行回参考点操作。

4.1.3　程序的输入与编辑

对数控系统进行程序输入，以及对已经输入好的程序进行修改、删除时，必须将模式选择为 EDIT（编辑）模式，按系统键盘【PROG】键将显示屏切换显示为程序列表界面，如图 4-9 所示，通过系统键盘相应按键实现程序的输入与编辑。

1. 输入程序

输入程序时，一般将一个程序段（或程序字）先写入缓存区，然后通过【INSERT】键将程序插入到系统内存中。具体操作步骤如下：

1）系统键盘输入"O××××"（"×"表示数字）至输入缓存区，如图 4-10 所示。

2）按【INSERT】键后即可插入一个程序名为"O××××"的程序。

3）输入缓存区每输入一个程序段后，按【EOB】键结束，然后按【INSERT】键插入程序。

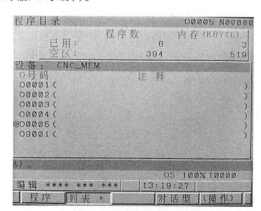

图 4-9　程序列表界面

4）按照步骤 3）继续插入程序，直至完成整个加工程序的输入。

在进行程序输入时，屏幕中有个黄色光标，插入的任何程序段（或程序字）会自动添

加到光标后面，插入【EOB】键时，光标会自动换到下一行。

当需要打开系统内存中的程序时，需要在EDIT（编辑）模式下，程序列表界面输入需要打开的程序名"O××××"，然后按屏幕下方【O检索】软键打开程序，也可按向上光标键【↑】、向下光标键【↓】打开程序。

输入程序除了可以通过键盘手动输入外，还可以用系统外接 RS232 接口将计算机中的程序传入到系统内存中，也可以用 CF 卡将程序从计算机复制到系统内存中。

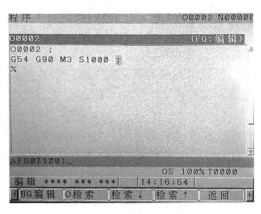

图 4-10　程序输入界面

2. 编辑程序

对已经插入到系统内存中的程序字进行修改、删除，需要打开程序。

（1）修改程序字　光标移至需要修改的程序字上，键盘输入改后的程序字，按【ALT】键进行替换。

（2）删除程序字　光标移至需要删除的程序字上，按【DELETE】键进行删除。

（3）删除程序　键盘输入"O××××"，按【DELETE】键，提示"是否删除程序"，按【确定】键删除程序。

4.1.4　MDI 运行与对刀操作

1. MDI 运行

MDI 模式允许用户输入一行或多行程序段的指令，并马上启动运行，程序运行完成会立即被删除，MDI 界面如图 4-11 所示。具体操作步骤如下：

1）模式旋钮旋至 MDI 模式。

2）按下【PROG】键，出现 MDI 程序界面。

输入一段程序，如"M3 S1000;"，按【循环启动】按钮运行程序，起动主轴正转。

3）在 MDI 模式运行程序时按【RESET】键会停止程序继续运行，系统进入复位状态。MDI 模式运行程序一般运行一些简单的程序，如起动主轴、对刀检验等。

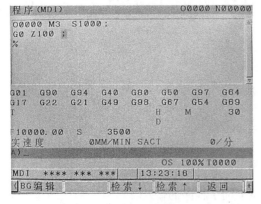

图 4-11　MDI 界面

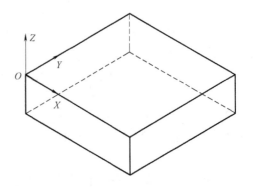

图 4-12　对刀操作

2. 对刀

对刀的目的是通过刀具或对刀工具确定工件坐标系原点在机床坐标系中的坐标值，通过对刀建立工件坐标系，以此简化用户编程难度。数控铣床要分别进行 X、Y、Z 三个方向的对刀操作，如利用 ϕ10mm 刀具将 G54 原点通过"试切法"建立在图 4-12 所示的 O 点，并检验对刀是否正确，其步骤如下：

1）MDI 模式下输入"M3 S1000;"，按【循环启动】键起动主轴旋转。

① X 轴对刀。模式旋钮旋至 JOG（手动）模式或 HAND（手轮）模式，移动刀具至刚好碰到工件左侧，如图 4-13 所示。按【OFFSET】参数键，再按【坐标系】软键，出现如图 4-14 所示的画面，光标移至 G54 的 X 轴数据区，输入刀具中心在工件坐标系中的 X 坐标值，此处输入 X -5，按【测量】软键完成 X 轴对刀。

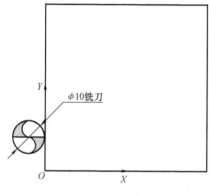

图 4-13 X 轴对刀

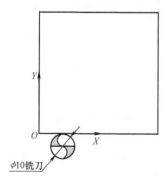

图 4-14 工件坐标系

② Y 轴对刀。继续移动刀具至刚好碰到工件前侧，如图 4-15 所示。

将光标移至 G54 的 Y 轴数据区，输入刀具中心在工件坐标系中的 Y 坐标值，此处输入 Y -5，按【测量】软键完成 Y 轴对刀。

③ Z 轴对刀。继续移动刀具至刚好碰到工件顶面，如图 4-16 所示。

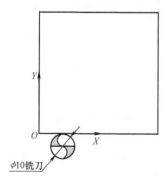

图 4-15 Y 轴对刀

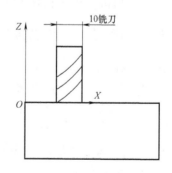

图 4-16 Z 轴对刀

将光标移至 G54 的 Z 轴数据区，输入刀具底面在工件坐标系中的 Z 坐标值，此处输入 Z0，按【测量】软键完成 Z 轴对刀。

2）将刀具抬高至安全位置，更改模式为 MDI 模式，运行"G54 G90 G01 X0 Y0 Z10 F100;"程序，此时刀具若能移动到工件坐标系中（0，0，10）的位置，则说明对刀步骤正确。

试切法对刀操作简单，但会在工件表面留下切削痕迹，对刀精度低。对于精度要求较高的场合，一般采用寻边器、指示表、Z轴设定仪对刀。

4.1.5　单段加工与自动加工

当需要执行完整的加工程序时，必须先调入程序，再在MEM（自动）模式下按【循环启动】按钮。

1. 调入加工程序

在【EDIT】模式下的【PROG】界面中，输入需要加工的程序名"O××××"，按【O检索】软键调入加工程序，当需要运行当前编辑的程序时，要按一下【RESET】键将光标移至程序第一行，才能正常加工。

2. 单段加工

在【EDIT】模式下调入加工程序，切换模式到MEM（自动）模式，按下操作面板上的【单段加工】按钮，控制面板上【单段按钮】灯亮，然后再按【循环启动】按钮，这样一段程序加工完成后，机床会暂停坐标轴移动，再按一下【循环启动】按钮才能进行下一程序段的加工。

单段加工主要用于首次运行程序加工工件时，为了便于程序校验，避免编程错误造成连续加工事故。

3. 自动加工

在【EDIT】模式下调入加工程序，切换模式到MEM（自动）模式，按【循环启动】按钮即可实现自动加工，如图4-17所示。

不管是单段加工还是自动加工，都必须在已经对好刀的情况下，并且对刀建立的工件坐标系必须与程序中的工件坐标系一致，否则会导致加工出错，甚至出现撞刀事故。

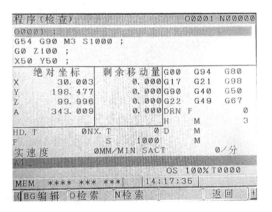

图4-17　自动加工界面

4.1.6　加工中心装刀、换刀操作

加工中心比数控铣床多了刀库和自动换刀装置，当一次安装加工工件用到多把刀具时，可以在程序中添加自动换刀指令，以节省换刀时间并降低工人的劳动强度，提高加工效率。

1. 装刀

在MDI模式下运行"T××　M06；"，如在没有T01号刀的情况下运行"T01 M06；"程序后，更改模式为JOG（手动）模式，将刀具安装到主轴锥孔中，此时主轴上的刀具就是T01号刀具，再在【MDI】模式下运行"T02　M06；"，就会把T01号刀具装入刀库。

2. 换刀

在MDI模式或MEM（自动）模式下运行"T××　M06；"程序，如"T01　M06；"，此时自动换刀装置会把刀库中的T01号刀具换到主轴上。

常见刀库有固定地址刀库和随机地址刀库两种。对于固定地址的刀库，其刀号和刀座号统一,一般用于斗笠式的刀库中;随机地址刀库的刀号和刀座号是随机编排的,具体刀具在哪个刀座上,可从数控系统所带的刀具表中查询,一般用于机械手换刀的刀库中。

4.1.7 数控铣床报警与处理

数控铣床在使用的过程中由于外部因素、程序错误、操作错误等,均会导致铣床报警,中断铣床的后续操作与加工。根据报警的提示,正确地消除报警因素,恢复铣床正常状态是数控铣床操作者必备的素质。数控铣床报警时会在屏幕下方出现红色的 ALM 文字,按键盘【MESSAGE】键可以显示报警的相关信息,如图 4-18 所示。常见的报警及解决方法如下:

1. EMG 急停报警

当出现 EMG 急停报警时,屏幕下方会显示 EMG 红色文字,出现 EMG 报警一般是面板上的急停按钮或手轮上的急停按钮被按下。当出现 EMG 报警时,机床所有运动部件均被制动。如果急停按钮没有按下还出现 EMG 急停报警,则需要专业维修人员对机床电路部分进行检查与维修。

2. 超程报警

在数控铣床的三个坐标轴的正负极限处,分别安装了两个行程开关,用于限制机床坐标轴在规定的范围内运行。在机床报警界面出现超程报警时,应先判断是哪个坐标轴的哪个方向超程,根据报警提示朝报警方向的反向移动坐标轴。图 4-19 所示为 X 正向超程报警,解除步骤为:

图 4-18　X 向超程报警

图 4-19　X 正向超程报警

1)模式选择为 JOG(手动)模式。

2)按住【 – X】轴功能按钮,让坐标轴朝 X 负向移动一段距离。

3)按【RESET】键消除报警提示。

当 EMG 急停报警与超程报警同时显示时,要先解除 EMG 急停报警,之后才能移动坐标轴。如果按照上述步骤操作后,还未消除超程报警,可检查对应行程开关是否没有正常释放。

3. 润滑、气压报警

数控铣床采用专用电动润滑泵对机床进行间歇润滑,当润滑泵油箱内油量过低或出现管道阻塞时,造成供油压力不足便会提示润滑报警。

数控铣床装刀、换刀需要压缩空气,当压缩空气压力过低时,机床会出现气压过低报警。当供给压力达到规定值时,报警自动消除。

4. 程序报警

程序报警是机床报警中最多的一类报警,主要是由于程序中的错误造成的报警,程序报警只有在执行程序时才会出现，出现程序报警时机床会暂停进给。由于数控机床具有程序预读功能，如果程序中出现了错误会提前报警。数控铣床常见的程序报警及解决方法见表4-4。

表4-4　数控铣床常见的程序报警及解决方法

序号	报警内容	解决方法
1	X、Y、Z 向超程报警	检查程序中坐标值是否输入有误，检查工件坐标系设置是否正确
2	程序没有结束	在程序后增加 M30，或检查 M30 后有没有分号"；"
3	G 代码不正确	检查程序中是否编辑了系统不能识别的 G 代码
4	切削速度为 0	G01 指令后没有编写 F 指令
5	地址重复	同一段程序中编写了两个地址，如编写了两个 X
6	未找到地址	检查程序中数值前是否没有字母地址
7	半径值超差	编写圆弧指令时圆弧半径错误或圆弧终点坐标错误
8	未发现 R 或 I、J、K 指令	编写圆弧时没有写半径 R 值或 I、J、K 值
9	G41/G42 无交点	检查坐标值输入是否正确
10	G41/G42 发生干涉	检查刀具半径是否设置得过大

需要注意的是，程序报警只能提示程序中的代码编写错误和程序执行过程中的计算错误，不能提示程序中是否有撞刀、轨迹不正确等错误。

4.2　数控铣床编程指令

学习目标

- ⊃掌握发那科数控铣床常用编程指令格式及应用
- ⊃掌握发那科数控铣床常用循环指令格式及应用
- ⊃掌握发那科系统子程序及应用

数控铣床的主轴旋转、工作台移动、刀具切削工件等动作都是由数控系统根据用户编写的程序来实现的，而程序是由编程人员根据所需加工图样的尺寸、工艺等内容，按照一定的程序格式来进行编写的，因此熟练使用数控铣床的编程指令是每个学习编程的数控加工人员必备的技能。常用的数控编程指令包含快速定位、直线加工、圆弧加工、刀具补偿、子程序、局部坐标系、坐标系旋转、坐标系镜像等。

4.2.1　G00 快速点定位指令及应用

（1）指令格式　G00　X ＿ 　Y ＿ 　Z ＿

（2）指令说明　驱动刀具以机床设定的速度快速移动到指定坐标点。

（3）指令用法举例　使用 G00 指令定位刀具快速移动到图示中的 1（50，50，100）点，见表4-5。

表4-5　G00 指令用法举例

图　形	程　　序	程序说明
	G00　X50　Y50　Z100；	刀具从当前位置快速移动到（50,50,100）坐标点

（4）指令注意事项

1）G00 指令运行时坐标轴移动速度快，只能用于刀具的空行程定位和抬刀，减少运动时间，提高效率，不能用于切削工件。

2）不能将 G00 指令的目标点设在工件上，一般刀具快速靠近工件时应留 5mm 以上的安全距离。

3）G00 指令是模态有效代码，一经使用，持续有效，直至被同组 G 代码取代。

4）G00 指令的运行速度由系统中设定的参数决定，但有些机床面板上有快速定位的倍率旋钮（按钮）。

5）G00 指令的运动轨迹不一定是两点一线，有可能是一条折线，因此使用时，为了避免 X、Y、Z 三个坐标轴同时移动，刀具撞到工件或夹具，可采用三轴移动不同段编程的方法，如：

G00 Z＿；
　　X＿　Y＿；

4.2.2　G01 直线插补指令及应用

（1）指令格式　G01　X＿　Y＿　Z＿　F＿；

（2）指令说明　驱动刀具以程序设定的 F 速度直线加工到指定坐标点。

（3）指令用法举例　使用 G01 指令切削工件，见表4-6。

表4-6　G01 指令用法举例

图　　形	程　序	程序说明
 加工直线,深度5mm	G54　G90；	调用 G54 工件坐标系,采用绝对值方式编程
	M03　S1000；	起动主轴正转,转速1000r/min
	G00　X10　Y10　Z20；	快速定位刀具至 1 点(10,10,20)
	G01　Z10　F80；	G01 直线下刀至 2 点(10,10,10)
	G01　X60　Y10　F100；	G01 直线切削工件至 3 点(60,10,10)
	G00　Z100；	快速抬刀至 4 点(60,10,100)
	M30；	程序结束

（4）指令使用注意事项

1）G01 指令用于直线加工，必须给定进给速度，数控铣床默认进给速度单位为 mm/min。

2）G01 指令是模态有效代码，一经使用，持续有效，直至被同组 G 代码取代。

4.2.3　G02/G03 圆弧插补指令及应用

（1）指令格式

1）XY 平面圆弧加工指令　（G17）$\begin{cases} G02 \\ G03 \end{cases}$ X_　Y_ $\begin{cases} R\_ & F\_ \\ I\_ & J\_ & F\_ \end{cases}$ ；

2）ZX 平面圆弧加工指令　（G18）$\begin{cases} G02 \\ G03 \end{cases}$ X_　Z_ $\begin{cases} R\_ & F\_ \\ I\_ & K\_ & F\_ \end{cases}$ ；

3）YZ 平面圆弧加工指令　（G19）$\begin{cases} G02 \\ G03 \end{cases}$ Y_　Z_ $\begin{cases} R\_ & F\_ \\ J\_ & K\_ & F\_ \end{cases}$ ；

（2）指令说明　驱动刀具以程序设定的 F 速度加工半径为 R 值（或增量 I、J、K 值）圆弧（或圆）到指定坐标点，其中，G02 用于指定顺时针圆弧插补，G03 用于指定逆时针圆弧插补，I_　J_ 用于指定圆弧圆心相对于起点的增量坐标。

（3）指令使用举例　使用 G02、G03 指令加工圆弧，指令用法见表 4-7。

表 4-7　G02、G03 指令用法举例

图　形	程　　序	程　序　说　明
	G54　G90；	调用 G54 工件坐标系，采用绝对值方式编程
	M03　S1000；	起动主轴正转，转速 1000r/min
	G00　X180　Y40　Z5；	快速定位刀具至 1 点(180,40,5)上方
	G01　Z-1　F80；	G01 直线下刀
	G03　X140　Y40　R20　F100；	G03 加工半径为 20mm 的圆弧至 2 点
	G02　X40　Y50　R40；	G02 加工半径为 40mm 的圆弧至 3 点
	G02　X70　Y90　R-30；	G02 加工半径为 30mm 的圆弧至 4 点
	G03　I25　J0；	G03 加工半径为 25mm 的圆
	G00　Z100；	抬刀
	M30；	程序结束

（4）指令使用注意事项

1）数控铣床开机默认 G17 平面，编程时可以省略，ZX 和 YZ 平面加工圆弧（或圆）需要在 G02/G03 前面指定 G18 和 G19 平面。

2）使用半径 R 编程时，0°＜圆弧圆心角≤180°（劣弧），R 值取正值；180°＜圆弧圆心角＜360°（优弧），R 值取负值。

3）加工整圆只能用 I_　J_　　K_ 编程。

4.2.4　G41/G42 刀具半径补偿指令及应用

（1）指令格式

调用半径补偿指令：$\begin{cases} G41 \\ G42 \end{cases}$ D_ $\begin{cases} G00 \\ G01 \end{cases}$ X_ Y_ ;

取消半径补偿指令：G40 $\begin{cases} G00 \\ G01 \end{cases}$ X_ Y_ ;

（2）指令说明　调用半径补偿指令可以让刀具在运行时刀具中心偏离编程曲线一定距离，以此简化编程和实现轮廓的粗、精加工。

G41——调用刀具半径左补偿

G42——调用刀具半径右补偿

G40——取消半径补偿指令

X_ Y_ ——建立（取消）补偿的终点坐标

D——补偿偏置值存储位置

沿刀具进给方向看，刀具处于编程轨迹的左边，则使用 G41 指令，如图 4-20 所示。刀具处于编程轮廓曲线右侧，则使用 G42 指令，如图 4-21 所示。在使用半径补偿指令编程时一般分为建立补偿、运行补偿和取消补偿三个阶段，如图 4-22 和图 4-23 所示。

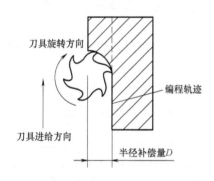

图 4-20　G41 刀具半径左补偿

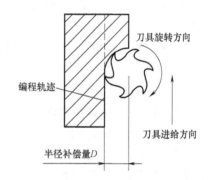

图 4-21　G42 刀具半径右补偿

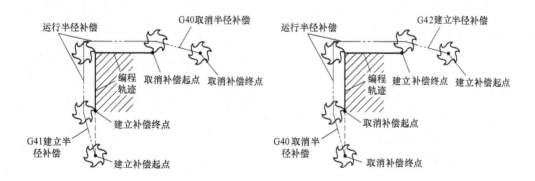

图 4-22　刀具半径补偿使用过程

（3）指令使用举例　使用刀具半径补偿指令加工凸台，见表 4-8。

（4）指令使用注意事项

1）半径补偿建立和取消必须在 G00 或 G01 指令下使用。

表 4-8　刀具半径补偿指令用法举例

图　形	程　序	程序说明
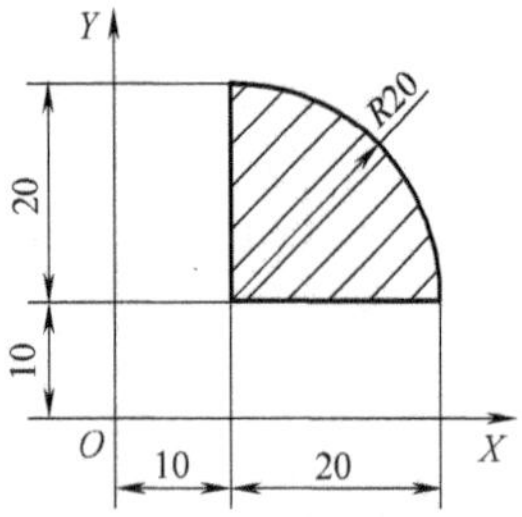	G54　G90;	调用 G54 工件坐标系,绝对值方式编程
	M03　S1000;	起动主轴正转,转速 1000r/min
	G00　X10　Y0　Z5;	快速定位刀具至点(10,0,5)
	G01　Z-5　F80;	G01 直线下刀
	G41　D01　G01　X10　Y10　F100;	调用 G41 刀具半径左补偿
	Y30;	加工轮廓
	G02　X30　Y10　R20;	加工轮廓
	G01　X10;	加工轮廓
	G40　G01　X0　Y10;	取消刀具半径左补偿
	G00　Z100;	抬刀
	M30;	程序结束

2）建立补偿应该在轮廓以外区域进行,不能在轮廓程序段进行补偿建立或取消,否则会造成工件过切。

3）为保证能顺利建立和取消半径补偿,半径补偿建立和取消的路径长度应大于刀具的半径值。

4）加工轮廓前应先调用半径补偿,轮廓加工结束后应立即取消半径补偿。FANUC 系统在调用补偿后不允许出现两段以上不含平面移动的指令,否则会出现过切现象。

5）半径补偿值要在程序执行前输入至【OFFSET】参数界面【补正】中的相应表格中,其中（形状）D 列里输入的是半径补偿值,如图 4-23 所示。D1 输入该列第一行,D2 输入第二行,以此类推。

6）若【补正】界面中刀具半径输入为负值,则刀具运行时会在编程轮廓另一侧移动。

7）建立和取消补偿的起刀点和退刀点应选择恰当,其路径方向应大致与轮廓编程方向相同,尽可能在图 4-24 所示区域 A 范围内进刀,避免出现如图 4-25 所示的补偿建立方向与编程方向夹角过小的情况。

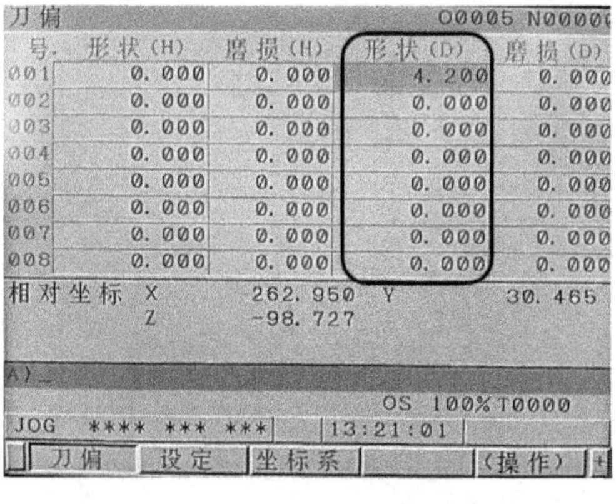

图 4-23　刀具半径补偿值输入列表

4.2.5　G43/G44 刀具长度补偿指令及应用

（1）指令格式

调用长度补偿:$\begin{cases} G43 \\ G44 \end{cases}$　H_　Z_ ;

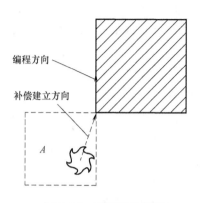

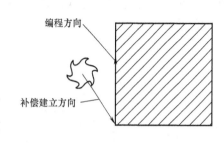

图 4-24 刀具下刀范围　　　　　　图 4-25 补偿建立方向与编程方向夹角过小

取消长度补偿：G49 Z_ ；

（2）指令说明　调用长度补偿指令，可让刀具沿 Z 轴正方向（G43）或负方向（G44）偏置一定距离，以便在一个工件坐标系中能够使用不同长度的刀具进行加工。

G43——刀具长度正向补偿

G44——刀具长度负向补偿

G49——取消刀具长度补偿

H——补偿值存储地址

不管是绝对值编程还是增量值编程，当使用 G43 指令时，H 代码指定的刀具长度补偿量被加到由编程指定终点位置的坐标值上，当使用 G44 指令时，从编程指定位置的坐标值上减去对应的补偿量，得到的新的坐标值成为终点位置。使用过程中刀具实际移动方向取决于图 4-23 中存储器第一列 H 中的正、负值。实际编程中常使用 G43 指令调用长度补偿，G43、G44 调用补偿原理如图 4-26 所示。

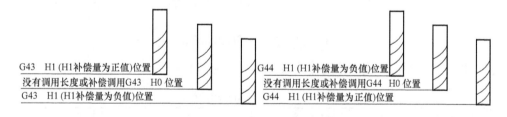

图 4-26　G43、G44 调用补偿原理

加工中心在使用刀库自动换刀时一般会设置一把基准刀具，对刀时将基准刀具 Z 方向对在工件坐标系中，其余刀具采用长度补偿方式使用，其余刀具与基准刀具长度差可采用 Z 轴设定仪配合机床上相对坐标进行测量，或采用机外对刀仪进行测量。采用 Z 轴设定仪配合相对坐标测量刀长方法如下：

1）将 Z 轴设定仪放在机床工作台上，基准刀压住 Z 轴设定仪，使 Z 轴设定仪指针对准零。

2）将系统中 Z 轴相对坐标清零，如图 4-27 所示。

3）换另外一把新刀，压住 Z 轴设定仪，使指针对准零。

4）系统中 Z 轴相对坐标值即为这把刀与基准刀的长度差，如图 4-28 所示。

采用以上方法测量新刀与基准刀长度差时，系统中显示的是相对坐标值，该坐标值可能是正值，也可能是负值，一般只要把该坐标值输入到【补正】界面中长度补偿位置中，直接采用 G43 调用即可。

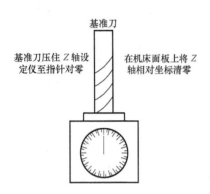

图 4-27　基准刀 Z 轴相对坐标归零

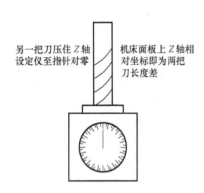

图 4-28　新刀与基准刀长度差

（3）指令使用举例　使用长度补偿指令钻孔，见表 4-9。

表 4-9　长度补偿指令用法举例

图　形	程　序	程序说明
		手动装 φ8.5mm 钻头
	G54　G90；	调用 G54 工件坐标系，绝对值方式编程
	M03　S800；	起动主轴正转，转速 800r/min
	G43　H1　G00　Z100；	G43 调用 1 号长度补偿，定位刀具至 Z100
	G00　X10　Y10；	定位刀具至(10,10,100)
	Z10；	定位刀具至(10,10,10)
	G01　Z−10　F80；	下刀至(10,10,−10)
	G0　Z10；	抬刀至(10,10,10)
	G49　Z100；	取消长度补偿，定位刀具至(10,10,100)
	M30	程序结束

钻孔，深度10mm

（续）

图　形	程　序	程　序　说　明
		手动换 ϕ10mm 钻头
	G54　G90;	调用 G54 工件坐标系,绝对值方式编程
	M03　S700;	起动主轴正转,转速 700r/min
	G43　H2　G00　Z100;	G43 调用 2 号长度补偿,定位刀具至 Z100
	G00　X−10　Y−10;	定位刀具至(−10,−10,100)
	Z10;	定位刀具至(−10,−10,10)
	G01　Z−10　F80;	下刀至(−10,−10,−10)
	G00　Z10;	抬刀至(−10,−10,10)
	G49　Z100;	取消长度补偿,定位刀具至(−10,−10,100)
	M30;	程序结束

图形栏：Y、ϕ8.5、X、O、20、ϕ10、20、钻孔，深度10mm

（4）指令使用注意事项

1）为了安全起见，G43、G44 指令使用结束后，要用 G49 取消。

2）G43、G44 使用过程中，若没有指定 H 地址，或指定为 H0，则系统不能调用长度补偿，相当于没有使用 G43、G44 指令。

3）为了安全起见，调用补偿和取消补偿时，刀具应离工件一段距离。

4.2.6　子程序编程及应用

当在一个程序中多次出现部分相同的程序段时，为了简化编程，可以将相同的部分编写成子程序。

1. 子程序格式

子程序在数控系统内是独立程序，需要单独建立一个程序名，FANUC 系统子程序名同主程序一样，由字母"O"后面加四个数字组成，如"O1001"。

2. 子程序调用

调用子程序代码是"M98　P △△△ ××××;"。

"△"表示调用重复调用次数，最多可重复调用 999 次，如果不写表示调用一次。

"××××"表示调用的程序名，程序名必须是四位数字，不能省略前面的 0。

例："M98 P31001;"，表示调用 1001 号子程序 3 次；"M98 P1001;"表示调用 1001 号子程序 1 次。

子程序结束并返回主程序指令是"M99"。

有时为了进一步简化编程，需要在子程序中再调用其他子程序，这种编程方法称为子程序嵌套，FANUC 系统子程序最多可以嵌套 4 层，如图 4-29 所示。

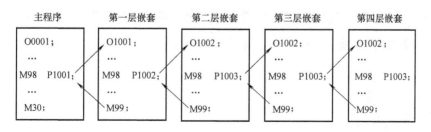

图 4-29　子程序嵌套

3. 编程举例

使用子程序加工两个凹槽，见表 4-10。

表 4-10 子程序用法举例

图　　形	程　　序	程　序　说　明
	主程序：O0001	
	G54　G90；	调用 G54 工件坐标系,绝对值方式编程
	S1000　M03；	起动主轴正转,转速 1000r/min
	G00　Z100；	定位刀具至 Z100
	X0　Y-20；	定位刀具至(0,-20,100)
	G00　Z10；	定位刀具至(0,-20,10),接近工件
	M98　P1001；	调用程序名为 1001 的子程序
	G00　X0　Y20；	定位刀具至(0,20,10)
	M98　P1001；	调用程序名为 1001 的子程序
	G00　Z100；	抬刀
	M30；	程序结束
	子程序：O1001	
	G91　G01　Z-15　F80；	增量值编程有效,下刀深度 5mm
	G41　D01　X0　Y-10　F150；	调用半径补偿
	G01　X20　Y0；	加工直线轮廓
	G03　X0　Y20　R10；	加工圆弧轮廓
	G01　X-40；	加工直线轮廓
	G03　X0　Y-20　R10；	加工圆弧轮廓
	G01　X20；	加工直线轮廓
	G40　X0　Y10；	取消半径补偿
	G01　Z15；	抬刀至起始位置
	G90；	绝对值编程有效
	M99；	子程序结束,并返回主程序

加工键槽，深度5mm

4. 指令使用注意事项

1）为了避免使用刀具补偿时出现过切现象，用子程序加工轮廓时，一般将刀具半径补偿在子程序内调用，在子程序内取消。

2）为了避免子程序返回主程序时编程方式出现错误，子程序中一开始使用 G91 增量值编程方式，子程序结束前应更改为 G90 绝对值编程方式。

4.2.7 G52 局部坐标系指令及应用

（1）指令格式

设定局部坐标系：G52　X_　Y_　Z_ ；

取消局部坐标系：G52　X0　Y0　Z0；

（2）指令说明　使用局部坐标系后，当前的工件坐标系原点会被偏移。

其中 X_ Y_ Z_ 坐标值为局部坐标系原点在原先工件坐标系中的坐标值。在使用 G52 设定了局部坐标系之后，程序中编写的坐标值均是在局部坐标系内，工件坐标系与局部坐标系的关系如图 4-30 所示。

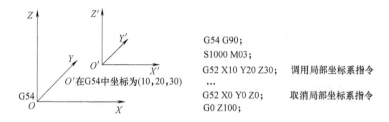

```
G54 G90;
S1000 M03;
G52 X10 Y20 Z30;    调用局部坐标系指令
...
G52 X0 Y0 Z0;       取消局部坐标系指令
G0 Z100;
```

图 4-30 工件坐标系与局部坐标系的关系

（3）编程举例 使用局部坐标系和子程序加工两个外轮廓，见表 4-11。

表 4-11 局部坐标系用法举例

图 形	程 序	程 序 说 明
		主程序：O0001
	G54 G90;	调用 G54 工件坐标系，绝对值方式编程
	S1000 M03;	起动主轴正转，转速 1000r/min
	G00 Z100;	定位刀具至 Z100
	Z10;	定位刀具至 Z10，接近工件
	G52 X50 Y50;	调用局部坐标系，将坐标系偏移至 (50,50,0)，Z 轴未偏移
	M98 P1001;	调用程序名为 1001 的子程序加工图形
	G52 X0 Y0;	取消局部坐标系
	G52 X−50 Y−50;	调用局部坐标系，将坐标系偏移至 (−50，−50，10)，Z 轴未偏移
	M98 P1001;	调用程序名为 1001 的子程序
	G52 X0 Y0;	取消局部坐标系
	G00 Z100;	抬刀
	M30;	程序结束
		子程序：O1001
	G00 X−25 Y−35;	定位刀具至 X−25 Y−35
	G01 Z−5 F80;	下刀至 Z−5 深度
加工相同轮廓，深度5mm	G41 D01 X−25 Y−25;	调用半径补偿
	Y−10;	加工轮廓
	G03 Y10 R10;	加工轮廓
	G01 Y25;	加工轮廓
	X−10;	加工轮廓
	G03 X10 R10;	加工轮廓
	G01 X25;	加工轮廓
	G01 Y10;	加工轮廓
	G03 Y−10 R10;	加工轮廓
	G01 Y−25;	加工轮廓
	X10;	加工轮廓
	G03 X−10 R10;	加工轮廓
	G01 X−25;	加工轮廓
	G40 X−35;	取消半径补偿
	G00 Z10;	抬刀
	M99;	子程序结束，并返回主程序

（4）指令使用注意事项

1）使用 G52 指令会清除之前调用的刀具长度补偿和半径补偿，因此一般将刀具长度补偿和半径补偿放在局部坐标系指令后调用，在取消局部坐标系前先取消长度补偿和半径补偿。

2）局部坐标系指令一般成对使用，即"G52 X__ Y__ Z__;"局部坐标系指令使用之后，应立即使用"G52 X0 Y0 Z0;"指令取消。

3）对于工件中有尺寸相同的多个复杂轮廓，使用局部坐标系后可降低编程难度。

4.2.8 G68 坐标系旋转指令及应用

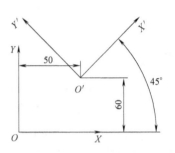

图 4-31 坐标系旋转

（1）指令格式

调用坐标系旋转：G68 X_ Y_ R_ ;

取消坐标系旋转：G69;

（2）指令说明 使用坐标系旋转指令后可将当前工件坐标系旋转一定角度。

其中，X Y 用于指定旋转中心，R 用于指定旋转角度，旋转角度是以 X 轴正方向为起始位置，"+"值角度表示逆时针旋转，"－"值角度表示顺时针旋转。旋转中心为（50，60），旋转角度为 45°后的坐标系 X'O'Y'与原工件坐标系 XOY 关系如图 4-31 所示。

（3）编程举例 使用坐标系旋转指令加工倾斜凹槽，见表 4-12。

表 4-12 坐标系旋转指令用法举例

图　　形	程　　序	程　序　说　明
	G54 G90;	调用 G54 工件坐标系,绝对值方式编程
	S1000 M03;	起动主轴正转,转速 1000r/min
	G00 Z100;	定位刀具至 Z100
	G68 X50 Y60 R45;	调用坐标系旋转指令,旋转中心为（50,60）,旋转角度为 45°
	G00 X0 Y0 Z10;	定位刀具至 Z10,接近工件
	G01 Z－5 F80;	下刀至 Z－5 深度
	G41 D01 X0 Y－15;	调用半径补偿
	X30,R9;	加工轮廓
	Y15,R9;	加工轮廓
	X－30,R9;	加工轮廓
	Y－15,R9;	加工轮廓
	X0;	加工轮廓
	G40 X0 Y0;	取消半径补偿
	G00 Z10;	抬刀至 Z10 高度
	G69;	取消坐标系旋转
	G00 Z100;	抬刀至 Z100 高度
	M30;	程序结束

加工倾斜凹槽,深度 5mm

（4）指令使用注意事项

1）为了避免出错，G68 坐标系旋转在使用完成之后要用 G69 取消坐标系旋转。

2）涉及旋转后轮廓有刀具补偿的程序，应将调用刀具补偿指令编写在 G68 之后，将取消刀具补偿指令编写在 G69 之前。

3）对于工件中有多个相同的旋转轮廓，可采用子程序结合坐标系旋转指令编程。

4.2.9　G51.1 可编程镜像指令及应用

（1）指令格式

设置可编程镜像：G51.1　X_　　Y_ ；

取消可编程镜像：G50.1　X_　　Y_ ；

（2）指令说明　使用可编程镜像指令可实现轮廓按照镜像轴进行对称加工。

其中 X_　Y_ 是对称加工的镜像轴，具体镜像后图形与原图之间的关系如图 4-32 所示。

（3）编程举例　使用坐标系镜像指令加工四个凸台，见表 4-13。

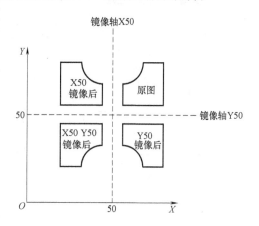

图 4-32　坐标系镜像

表 4-13　坐标系镜像指令用法举例

图　形	程　序	程序说明
		主程序：O0001
	G54　G90；	调用 G54 工件坐标系,绝对值方式编程
	M03　S1000；	起动主轴正转,转速 1000r/min
	G00　Z100；	定位刀具至 Z100
	X0　Y0；	定位刀具至(0,0,100)
	Z10；	定位刀具至 Z10 高度,靠近工件
	M98　P1001；	调用 1001 号子程序,加工第一个图形
	G51.1　X0；	设置可编程镜像,镜像轴 Y 轴(X0 轴)
	M98　P1001；	调用 1001 号子程序,加工第二个图形
	G50.1　X0；	取消可编程镜像
	G51.1　Y0；	设置可编程镜像,镜像轴 X 轴(Y0 轴)
	M98　P1001；	调用 1001 号子程序,加工第三个图形
	G50.1　Y0；	取消可编程镜像
	G51.1　X0　Y0；	设置可编程镜像,原点镜像(X0　Y0)
	M98　P1001；	调用 1001 号子程序,加工第四个图形
	G50.1　X0　Y0；	取消可编程镜像
	G00　Z100；	抬刀至 Z100 高度
	M30；	程序结束

加工镜像凸台，深度5mm

（续）

图　形	程　　序	程 序 说 明
	子程序：O1001	
	G00　X18　Y0；	定位至 X18　Y0
	G01　Z－5　F80；	下刀至 Z－5 深度
	G41　D01　X18　Y20；	调用半径补偿
	Y70；	加工轮廓
	G03　X48　Y100　R30；	加工轮廓
	G01　X98；	加工轮廓
	Y20；	加工轮廓
	X18；	加工轮廓
	G40　G01　X0；	取消半径补偿
	G00　Z10；	抬刀
	M99；	子程序结束，并返回主程序

加工镜像凸台，深度5mm

（4）指令使用注意事项

1）使用可编程镜像后，刀具的加工方向会沿着镜像轴互换，如圆弧加工指令 G02 和 G03 会被互换，刀具半径补偿指令 G41 和 G42 会被互换，坐标旋转指令中的旋转角度会被互换。

2）为避免出错，可编程镜像指令和取消镜像指令应成对使用，程序中的调用刀具补偿应在启用镜像指令后，取消刀具补偿应在取消镜像指令前。

3）使用坐标系镜像指令与子程序配合使用可以加工多个镜像轮廓，降低编程难度。

4.2.10　G81 钻孔循环指令及应用

（1）指令格式

调用钻孔循环：$\begin{cases}G98\\G99\end{cases}$ G81　X_　Y_　Z_　R_　F_　K_；

取消钻孔循环：G80；

（2）指令说明　该循环指令通常用于钻孔加工，刀具以进给速度 F 切削到孔底，再快速退出。

其中 X_　Y_ 为孔中心位置，Z_ 为孔底坐标，R_ 为 R 点平面坐标，F_ 为钻孔进给速度，K_ 为重复加工次数。钻孔时刀具从当前起始平面水平定位至孔中心（X，Y），再快速定位至 R 点平面，从 R 点平面位置开始钻孔，钻孔结束后，刀具快速返回到起始平面（指定 G98）或返回到 R 点平面（指定 G99），具体刀具移动路线如图 4-33 和图 4-34 所示。

（3）编程举例　使用 G81 指令钻孔，见表 4-14。

（4）指令使用注意事项

1）G81 指令是模态钻孔循环指令，指令使用完成后应使用 G80 指令取消循环。

2）当 G81 指令前使用 G98 指令时，钻孔循环结束后刀具会抬刀至起始位置；当 G81 指令前使用 G99 指令时，钻孔循环结束后刀具会抬刀至 R 点平面位置。当 G81 指令前不指定 G98 或 G99，系统默认的是 G98。一般钻第一个孔时使用 G99，钻最后一个孔时使用 G98。

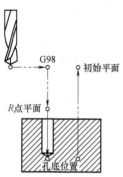

图 4-33 G81（G98）钻孔刀具运动路线   图 4-34 G81（G99）钻孔刀具运动路线

表 4-14 G81 钻孔指令用法举例

图 形	程 序	程 序 说 明
	G54 G90；	调用 G54 工件坐标系，绝对值方式编程
	S700 M03；	起动主轴正转，转速 700r/min
	G00 Z100；	定位刀具至 Z100 （初始平面）
	G99 G81 X20 Y25 Z－15 R5 F100；	调用 G81 钻孔循环指令钻孔
	X－20 Y25；	模态调用 G81 钻孔循环指令钻孔
	X－20 Y－25；	模态调用 G81 钻孔循环指令钻孔
	G98 X20 Y－25；	模态调用 G81 钻孔循环指令钻孔
	G80；	取消 G81 钻孔循环指令
	G00 Z100；	抬刀至 Z100 高度
	M30；	程序结束

3）钻孔时调用长度补偿应在 G81 指令使用前调用，取消长度补偿应在 G80 指令使用后取消。

4）重复加工次数 K 一般用于增量编程，实现连续加工多个间距相同的孔，以此简化编程，如图 4-35 所示。

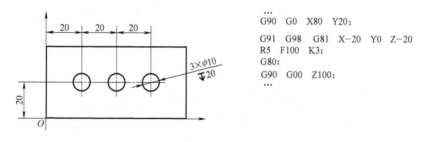

```
...
G90  G0  X80  Y20；
G91  G98  G81  X－20  Y0  Z－20
R5  F100  K3；
G80；
G90  G00  Z100；
...
```

图 4-35 钻多个间距相同的孔

4.2.11 G83 深孔钻削循环指令及应用

（1）指令格式

调用钻孔循环：$\begin{cases} G98 \\ G99 \end{cases}$ G83　X_　Y_　Z_　R_　Q_　F_　K_ ；

取消钻孔循环：G80；

（2）指令说明　该循环指令用于加工深孔。刀具以间歇方式切削进给到达孔底，每钻一定深度 Q 值，刀具从孔中退出排屑，再继续往下钻孔。

其中，X_　Y_　Z_　R_　F_　K_ 含义与 G81 指令相同，Q_ 为刀具每次往下递增的最大切削量，且必须是正值。钻孔时刀具从当前初始平面水平定位至孔中心（X，Y），再快速定位至 R 点平面，从 R 点平面位置开始钻孔，钻到 Q 值深度后，刀具快速退回至 R 点平面排屑，再快速下刀至靠近前次钻孔深度的上方，再从该位置继续钻孔 Q 值深度，以此循环直至钻孔循环结束后返回到起始平面（指定 G98）或返回到 R 点平面（指定 G99）。具体刀具移动路线如图 4-36 和图 4-37 所示。

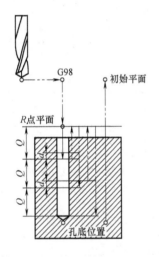

图 4-36　G83（G98）钻孔刀具移动路线

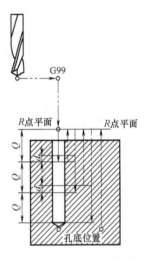

图 4-37　G83（G99）钻孔刀具移动路线

（3）编程举例　使用 G83 指令钻深孔，见表 4-15。

表 4-15　G83 指令用法举例

图　　形	程　　序	程　序　说　明
钻深孔，深度60mm	G54　G90；	调用 G54 工件坐标系，绝对值方式编程
	S700　M03；	起动主轴正转，转速700r/min
	G00　Z100；	定位刀具至 Z100（初始平面）
	G99　G83　X20　Y25　Z–60　R5　Q10　F100；	调用 G83 钻孔循环指令钻孔
	X–20　Y25；	模态调用 G83 钻孔循环指令钻孔
	X–20　Y–25；	模态调用 G83 钻孔循环指令钻孔
	G98　X20　Y–25；	模态调用 G83 钻孔循环指令钻孔
	G80；	取消 G83 钻孔循环指令
	G00　Z100；	抬刀至 Z100 高度
	M30；	程序结束

（4）指令使用注意事项

1）G83 指令是模态钻孔循环指令，指令使用完成后应使用 G80 指令取消循环。

2）G83 钻孔中 Q 值必须为正值，它是刀具最大递增切削量，钻到孔底前若剩余深度比 Q 值小，则最终孔底深度由 Z 坐标决定。

4.2.12 G84 攻螺纹循环指令及应用

（1）指令格式

调用攻螺纹循环：$\begin{cases} G98 \\ G99 \end{cases}$ G84 X_ Y_ Z_ R_ P_ F_ K_ ；

取消攻螺纹循环：G80；

（2）指令说明 该循环指令用于加工右旋螺纹，循环执行时，刀具从当前初始平面快速定位至螺纹孔中心（X, Y），再快速定位至 R 点平面，从 R 点平面位置开始执行攻螺纹动作到达孔底后停留一段时间，主轴再反转回到 R 点或初始平面。

其中，X_ Y_ Z_ R_ K_ 含义与 G81 指令相同，P_ 为攻螺纹至孔底位置主轴暂停时间，F_ 为攻螺纹时刀具的进给速度，FANUC 系统进给速度 F = 主轴转速 × 螺纹导程。具体刀具移动路线如图 4-38 和图 4-39 所示。

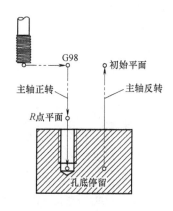

图 4-38　G84（G98）攻螺纹刀具移动路线　　图 4-39　G84（G99）攻螺纹刀具移动路线

（3）编程举例 使用 G84 指令攻螺纹，见表 4-16。

（4）指令使用注意事项

1）使用攻螺纹循环指令前应先用钻孔循环指令钻好底孔。

2）使用 G84 攻螺纹循环指令期间，主轴转速不能改变，进给倍率修调和进给保持功能被忽略。

4.2.13 G85 精镗孔循环指令及应用

（1）指令格式

调用镗孔循环：$\begin{cases} G98 \\ G99 \end{cases}$ G85 X_ Y_ Z_ R_ F_ K_ ；

取消镗孔循环：G80；

表4-16　G84指令用法举例

图　形	程　序	程序说明
	G54　G90；	调用 G54 工件坐标系,绝对值方式编程
	S700　M03；	起动主轴正转,转速 700r/min
	G00　Z100；	定位刀具至 Z100 （初始平面）
	G99　G84　X20　Y25　Z－20　R5　P1　F150；	调用 G84 攻螺纹循环指令攻螺纹
	X－20　Y25；	模态调用 G84 攻螺纹循环指令
	X－20　Y－25；	模态调用 G84 攻螺纹循环指令
	G98　X20　Y－25；	模态调用 G84 攻螺纹循环指令
	G80；	取消 G84 攻螺纹循环
	G00　Z100；	抬刀至 Z100 高度
	M30；	程序结束

图中标注：4×M10，50，40，20，攻螺纹，深度20mm

（2）指令说明　该循环指令用于镗孔加工。循环执行时，刀具以切削方式加工到孔底，再以切削进给方式返回到 R 点平面，具体刀具移动路线如图4-40和图4-41所示。

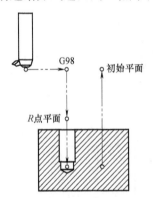

图 4-40　G85（G98）镗孔刀具移动路线

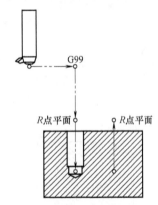

图 4-41　G85（G99）镗孔刀具移动路线

（3）编程举例　使用 G85 指令镗孔，见表4-17。

表4-17　G85指令用法举例

图　形	程　序	程序说明
	G54　G90；	调用 G54 工件坐标系,绝对值方式编程
	S800　M03；	起动主轴正转,转速 800r/min
	G00　Z100；	定位刀具至 Z100 （初始平面）
	G99　G85　X20　Y25　Z－30　R5　F150；	调用 G85 镗孔循环
	X－20　Y25；	调用 G85 镗孔循环
	X－20　Y－25；	调用 G85 镗孔循环
	G98　X20　Y－25；	调用 G85 镗孔循环
	G80；	取消 G85 镗孔循环
	G00　Z100；	抬刀至 Z100 高度
	M30；	程序结束

图中标注：4×φ20，50，40，30，镗孔深度30mm

（4）指令使用注意事项 使用镗孔指令镗孔前应先加工好底孔。

4.3 数控铣削加工实例

学习目标

- 会分析汽车中典型铣削类零件数控加工工艺
- 会编写汽车中典型铣削类零件数控加工程序
- 会在数控铣床上加工汽车中典型铣削类零件并达到一定精度要求

4.3.1 汽车机油泵外转子编程与加工

转子式机油泵是目前使用最广泛的机油泵之一，其主要由外壳、外转子、内转子、主动轴、驱动齿轮、盖板等部分组成。图 4-42 所示为某机油泵外转子零件图，要求利用数控铣床完成外转子零件的内外轮廓及孔的加工。

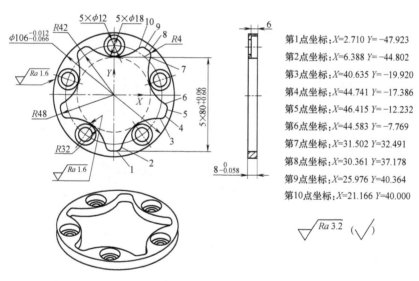

第1点坐标: $X=2.710$ $Y=-47.923$
第2点坐标: $X=6.388$ $Y=-44.802$
第3点坐标: $X=40.635$ $Y=-19.920$
第4点坐标: $X=44.741$ $Y=-17.386$
第5点坐标: $X=46.415$ $Y=-12.232$
第6点坐标: $X=44.583$ $Y=-7.769$
第7点坐标: $X=31.502$ $Y=32.491$
第8点坐标: $X=30.361$ $Y=37.178$
第9点坐标: $X=25.976$ $Y=40.364$
第10点坐标: $X=21.166$ $Y=40.000$

图 4-42 机油泵外转子

1. 工艺分析

根据外转子的轮廓形状和尺寸要求，选用 120mm × 120mm × 12mm 板料作为毛坯，将一面铣平，再铣另一面控制厚度、粗精加工五角内轮廓、加工五个沉头孔和通孔，再利用 M10 螺钉将毛坯拧紧在夹具上，粗精加工 ϕ106mm 外圆。粗加工以去除多余材料为目的，因此尽可能选用直径较大的刀具进行加工，精加工要对局部凹轮廓进行清根，选择的刀具半径要小于凹圆弧半径。具体加工工艺过程及切削用量见表 4-18。

该零件外轮廓和内轮廓要求表面粗糙度值达到 $Ra1.6\mu m$，精加工需要采用顺铣加工，在编程调用半径补偿时需要使用 G41 指令。对于常见的右旋立铣刀，外轮廓采用顺时针方向编程，内轮廓采用逆时针方向编程，加工工艺才是顺铣。

表 4-18 机油泵外转子加工工艺及切削用量

定位装夹	工步序号及内容	刀具	半径补偿	长度补偿	主轴转速 $n/(r/min)$	进给量 $f/(mm/min)$	背吃刀量 a_p/mm
正面：机用虎钳装夹	1. 铣平面(正面)	盘铣刀		H10	600	100	1
	2. 铣平面(反面)控制厚度	盘铣刀		H10	600	100	1
	3. 钻 $5 \times \phi12mm$ 中心孔	A3 中心钻		H5	1000	80	2
	4. 钻 $5 \times \phi12mm$ 通孔	$\phi12mm$ 钻头		H6	600	80	6
	5. 铣 $5 \times \phi18mm$ 沉头孔	$\phi10mm$ 键槽铣刀	D1	H1	700	80	6
	6. 粗铣五角内轮廓	$\phi10mm$ 键槽铣刀	D1	H1	700	80	4
	7. 精铣五角内轮廓	$\phi6mm$ 键槽铣刀	D2	H2	1000	60	0.5
反面：夹具装夹	1. 粗铣 $\phi106mm$ 外圆	$\phi10mm$ 键槽铣刀	D1	H1	700	80	4
	2. 精铣 $\phi106mm$ 外圆	$\phi10mm$ 键槽铣刀	D1	H1	800	60	0.5

加工 $\phi106mm$ 外圆时，由于机用虎钳无法装夹，事先要利用一块板件制作一个简单夹具，板件上有 5 个均匀分布在 $R42mm$ 圆上的 M10 螺钉孔，在加工 $\phi106mm$ 外圆时，用 M10 螺钉把工件拧紧在夹具板件上，再把板件夹紧在机用虎钳上，夹具尺寸如图 4-43 所示。

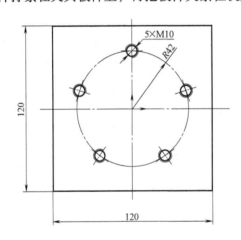 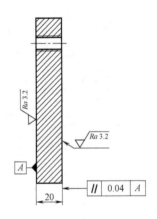

图 4-43 夹具

2. 编写程序

由于该零件是环形零件，因此工件坐标系设在零件中心位置，五个沉头圆孔和通孔均匀分布在半径为 $R42mm$ 圆上，可采用坐标系旋转指令和子程序编程，降低编程难度。

粗加工时，采用分层下刀，粗加工留给精加工余量为 0.2mm（单边），因此设置刀具半径补偿值为 5.2mm。精加工采用分层铣削，每层 0.5mm，刀具补偿根据粗加工后的尺寸和实际公差要求进行调整。

精加工半径补偿计算公式为

$$D_2 = D_1 - (L_1 - L_2)/2$$

式中 D_1——粗加工刀具半径补偿；

D_2——精加工刀具半径补偿；

L_1——粗加工后测量的尺寸；

L_2——图中尺寸中差值。

例如，刀具半径补偿为 5.2mm 时，粗加工 $\phi106$mm 外圆后测量实际尺寸为 $\phi106.52$mm，则精加工时的刀具半径补偿值 $D_2 = [5.2 - (106.52 - 105.961)/2]$mm $= 4.921$mm。

1）正面 $\phi12$mm 中心孔点孔加工参考程序，见表 4-19。钻 $\phi12$mm 通孔需修改钻孔深度。

表 4-19 $\phi12$mm 中心孔点孔加工参考程序

主程序号:O0002		
程序段号	程序内容	指令含义
N10	G21 G40 G49 G54 G90;	程序初始化
N20	M03 S1000;	起动主轴正转,转速 1000r/min
N30	G00 G43 H5 Z100 M08;	调用中心钻长度补偿,快速定位 Z100 高度,打开切削液
N40	G00 X0 Y0;	快速定位至(0,0)位置
N50	G00 Z5;	快速接近工件
N60	M98 P1002;	调用 1002 号子程序钻中心孔
N70	G68 X0 Y0 R72;	调用工件坐标系旋转 72°
N80	M98 P1002;	调用 1002 号子程序钻中心孔
N90	G69;	取消工件坐标系旋转
N100	G68 X0 Y0 R144;	调用工件坐标系旋转 144°
N110	M98 P1002;	调用 1002 号子程序钻中心孔
N120	G69;	取消工件坐标系旋转
N130	G68 X0 Y0 R216;	调用工件坐标系旋转 216°
N140	M98 P1002;	调用 1002 号子程序钻中心孔
N150	G69;	取消工件坐标系旋转
N160	G68 X0 Y0 R288;	调用工件坐标系旋转 288°
N170	M98 P1002;	调用 1002 号子程序钻中心孔
N180	G69;	取出工件坐标系旋转
N190	G00 G49 Z100;	取消长度补偿,快速定位至 Z100 高度
N200	M05 M09;	主轴停止,关闭切削液
N210	M30;	程序结束
子程序号:O1002		
程序段号	程序内容	指令含义
N10	G81 X0 Y42 Z-2 F80;	调用钻孔循环 G81 钻中心孔
N20	G80;	取消钻孔循环
N30	G0 Z5;	抬刀至 Z5 高度
N40	M99;	子程序结束并返回主程序

2）正面 $\phi18$mm 孔加工参考程序，见表 4-20。

表 4-20 φ18mm 孔加工参考程序

主程序号：O0003		
程序段号	程序内容	指令含义
N10	G21 G40 G49 G54 G90；	程序初始化
N20	M03 S700；	起动主轴正转，转速 700r/min
N30	G00 G43 H1 Z100 M08；	调用 H1 长度补偿，快速定位至 Z100 高度，打开切削液
N40	G00 X0 Y0；	快速定位至(0,0)
N50	G00 Z5；	快速接近工件
N60	M98 P1003；	调用 1003 号子程序，加工 φ18mm 孔
N70	G68 X0 Y0 R72；	调用工件坐标系旋转 72°
N80	M98 P1003；	调用 1003 号子程序，加工 φ18mm 孔
N90	G69；	取消工件坐标系旋转
N100	G68 X0 Y0 R144；	调用工件坐标系旋转 144°
N110	M98 P1003；	调用 1003 号子程序，加工 φ18mm 孔
N120	G69；	取消工件坐标系旋转
N130	G68 X0 Y0 R216；	调用工件坐标系旋转 216°
N140	M98 P1003；	调用 1003 号子程序，加工 φ18mm 孔
N150	G69；	取消工件坐标系旋转
N160	G68 X0 Y0 R288；	调用工件坐标系旋转 288°
N170	M98 P1003；	调用 1003 号子程序，加工 φ18mm 孔
N180	G69；	取消工件坐标系旋转
N190	G00 G49 Z100；	取消长度补偿，快速定位至 Z100 高度
N200	M05 M09；	主轴停止，关闭切削液
N210	M30；	程序结束
子程序号：O1003		
程序段号	程序内容	指令含义
N10	G00 X0 Y42；	快速定位至(0,42)
N20	G01 Z-6 F30；	下刀至 Z-6 深度
N30	G41 D1 X9 F80；	调用半径 D1 补偿
N40	G03 I-9 J0；	加工 φ18mm 孔
N50	G40 G01 X0；	取消半径补偿
N60	G00 Z5；	抬刀
N70	M99；	子程序结束并返回主程序

3）精铣五角内轮廓参考程序，见表 4-21。粗铣五角内轮廓需修改长度补偿和半径补偿。

表 4-21 五角内轮廓精加工参考程序

程序段号	程序内容	指令含义
	程序号:O0005	
N10	G21 G40 G49 G54 G90;	程序初始化
N20	M03 S1000;	起动主轴正转,转速 1000r/min
N30	G00 G43 H2 Z100 M08;	调用 H2 长度补偿,快速定位至 Z100 高度,打开切削液
N40	G00 X0 Y0;	快速定位至(0,0)
N50	G00 Z5;	快速接近工件
N60	G01 Z−6 F50;	下刀至 Z−6 深度
N70	G41 D2 X2.710 Y−47.923 F60;	调用 D2 半径补偿
N80	G03 X6.388 Y−44.802 R4;	加工轮廓
N90	G02 X40.635 Y−19.92 R32;	加工轮廓
N100	G03 X44.741 Y−17.386 R4;	加工轮廓
N110	G01 X46.415 Y−12.232;	加工轮廓
N120	G03 X44.583 Y−7.769 R4;	加工轮廓
N130	G02 X31.502 Y32.491 R32;	加工轮廓
N140	G03 X30.361 Y37.178 R4;	加工轮廓
N150	G01 X25.976 Y40.364;	加工轮廓
N160	G03 X21.166 Y40 R4;	加工轮廓
N170	G02 X−21.166 Y40 R32;	加工轮廓
N180	G03 X−25.976 Y40.364 R4;	加工轮廓
N190	G01 X−30.361 Y37.178;	加工轮廓
N200	G03 X−31.502 Y32.491 R4;	加工轮廓
N210	G02 X−44.583 Y−7.769 R32;	加工轮廓
N220	G03 X−46.415 Y−12.232 R4;	加工轮廓
N230	G01 X−44.741 Y−17.386;	加工轮廓
N240	G03 X−40.635 Y−19.92 R4;	加工轮廓
N250	G02 X−6.388 Y−44.802 R32;	加工轮廓
N260	G03 X−2.710 Y−47.923 R4;	加工轮廓
N270	G01 X2.710 Y−47.923;	加工轮廓
N280	G40 X0 Y0;	取消半径补偿
N290	G01 Z5;	抬刀
N300	G00 G49 Z100;	取消补偿,快速定位至 Z100 高度
N310	M05 M09;	主轴停止,关闭切削液
N320	M30;	程序结束

4）粗精铣 ϕ106mm 外圆参考程序，见表 4-22。

表 4-22　ϕ106mm 外圆粗精加工参考程序

程序 段号	程 序 内 容	指 令 含 义
	程序号：O0006	
N10	G21　G40　G49　G54　G90；	程序初始化
N20	M03　S1000；	起动主轴正转，转速 1000r/min
N30	G00　G43　H1　Z100　M08；	调用 H1 长度补偿，快速定位至 Z100，打开切削液
N40	G00　X60　Y0；	快速定位至 (60,0)
N50	G00　Z5；	快速接近工件
N60	G01　Z-4　F50；	下刀至 Z-4 深度
N70	G41　D1　X53　Y0　F80；	调用 D1 半径补偿
N80	G02　I-53　J0；	加工轮廓
N90	G40　G01　X60　Y0；	取消半径补偿
N100	G01　Z-8　F50；	下刀至 Z-8 深度
N110	G41　D1　X53　Y0　F80；	调用 D1 半径补偿
N120	G02　I-53　J0；	加工轮廓
N130	G40　G01　X60　Y0；	取消半径补偿
N140	G01　Z5；	抬刀
N150	G00　G49　Z100；	取消长度补偿，快速定位至 Z100 高度
N160	M05　M09；	主轴停止，关闭切削液
N170	M30；	程序结束

3. 加工零件

1）开机、回参考点，建立机床坐标系。

2）校正机用虎钳，装夹工件。控制厚度、加工内轮廓和孔时，将 120mm × 120mm × 10mm 板料装夹在机用虎钳上，装夹深度不能小于 5mm。加工外轮廓时将工件装夹在夹具上，再将夹具装夹在机用虎钳上。装夹工件时，需要在机用虎钳内垫上平行垫铁，但要注意垫铁的安装位置，防止钻孔时钻头钻到垫铁上。

3）将工件一面用盘铣刀铣平，完成后翻面装夹。

4）设定好工件坐标系，用基准刀具进行对刀，其他刀具输入长度补偿值。

5）将数控程序全部输入数控机床中，进行模拟仿真。

6）选择 JOG（手动）方式，安装中心钻。

7）打开程序"O0002"，选择自动加工方式，调小进给倍率，按"循环启动"键进行 5 × ϕ12mm 中心钻点钻孔加工，观察加工情况并逐步调整进给倍率。首次加工也可采用单段加工方式。

8）中心钻点孔完成后更换刀具，依次进行钻孔、铣孔和内轮廓粗、精加工。

9）将工件装夹在夹具上，打开程序 O0006，完成外轮廓粗、精加工。

10）加工结束后，及时打扫机床，切断电源。

4.3.2 汽车机油泵端盖编程与加工

端盖类零件是汽车上的典型零件，其主要特征是各类孔比较多，并且对孔的位置要求比较高，图4-44所示为机油泵端盖零件图，要求在数控铣床上完成零件全部加工，毛坯尺寸为180mm×110mm×28mm。从图形分析可知该零件包含外轮廓、内轮廓、铣孔、钻孔、铰孔、镗孔及倒角等特征。

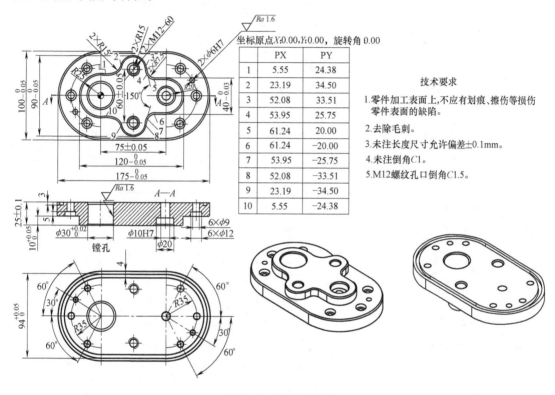

	PX	PY
1	5.55	24.38
2	23.19	34.50
3	52.08	33.51
4	53.95	25.75
5	61.24	20.00
6	61.24	-20.00
7	53.95	-25.75
8	52.08	-33.51
9	23.19	-34.50
10	5.55	-24.38

坐标原点X:0.00,Y:0.00，旋转角 0.00

技术要求

1. 零件加工表面上,不应有划痕、擦伤等损伤零件表面的缺陷。
2. 去除毛刺。
3. 未注长度尺寸允许偏差±0.1mm。
4. 未注倒角C1。
5. M12螺纹孔口倒角C1.5。

图4-44 机油泵端盖

1. 工艺分析

根据该端盖轮廓特征，需要选用 ϕ4mm、ϕ8mm、ϕ10mm 铣刀，A3 中心钻，ϕ5.8mm、ϕ9.8mm、ϕ9mm、ϕ10.2mm 钻头，ϕ6H7、ϕ10H7 铰刀，M12 丝锥，镗刀，ϕ6mm 倒角铣刀等。采用机用虎钳装夹，先加工底面环槽、外轮廓、ϕ30mm 孔和孔口倒角，再翻面装夹，加工上面凸台、钻孔、铰孔、倒角和螺纹孔。具体加工工艺过程及切削用量见表4-23。

该零件有多处倒角尺寸，需要用到45°倒角铣刀，图4-45所示为倒角铣刀倒角时相关尺寸图，使用倒角铣刀加工 C1 倒角时，刀具半径补偿设置为1mm，下刀深度为 −2mm。

在翻面加工时为了保证正反两面位置公差，要先粗、精加工底面 ϕ30mm 镗孔，翻面后以 ϕ30mm 镗孔为精基准对刀，采用寻边器分中对刀，如图4-46所示，寻边器碰圆孔左边位置1，记录机械坐标值 $X1$，碰右边位置2记录机械坐标值 $X2$，则工件坐标原点 $X0$ 坐标为（$X1$ + $X2$)/2，将计算后的值直接输入到G54工作坐标系 X 栏中，完成 X 向对刀。寻边器碰圆孔前面位置3，记录机械坐标值 $Y3$，碰右边位置4记录机械坐标值 $Y4$，则工件坐标原点 $Y0$ 坐标为（$Y3$ + $Y4$)/2，将计算后的值直接输入到G54工作坐标系 Y 栏中，完成 Y 向对刀。

表 4-23 机油泵端盖加工工艺及切削用量

定位装夹	工步序号及内容	刀具	半径补偿	长度补偿	主轴转速 $n/$(r/min)	进给量 $f/$(mm/min)	背吃刀量 $a_p/$mm
底面:机用虎钳装夹	1. 铣平面(正面)	盘铣刀		H10	600	100	1
	2. 粗铣四周外轮廓	ϕ10mm 立铣刀	D1	H1	700	80	4
	3. 粗铣 ϕ30mm 孔	ϕ10mm 立铣刀	D1	H1	700	80	4
	4. 粗铣 4mm 环槽	ϕ4mm 键槽铣刀	D2	H2	1500	40	3
	5. 精铣四周外轮廓	ϕ10mm 立铣刀	D11	H11	1000	60	0.5
	6. 精铣 4mm 环槽	ϕ4mm 键槽铣刀	D12	H12	1800	40	3
	7. 精镗 ϕ30mm 孔	微调精镗刀		H6	800	50	/
	8. ϕ30mm 孔口倒角	ϕ6mm 倒角铣刀	D7	H7	1500	80	1
上面:机用虎钳装夹	9. 粗铣外轮廓凸台	ϕ10mm 立铣刀	D1	H1	700	80	4
	10. 精铣外轮廓凸台	ϕ10mm 立铣刀	D11	H11	1000	60	0.5
	11. 铣 ϕ20mm 沉头孔	ϕ8mm 立铣刀	D3	H3	900	60	3
	12. 铣 ϕ12mm 沉头孔	ϕ8mm 立铣刀	D3	H3	900	60	3
	13. 钻中心孔	A3 中心钻		H5	1000	80	/
	14. 钻 6 × ϕ9mm 孔	ϕ9mm 钻头		H8	800	50	/
	15. 钻 2 × ϕ5.8mm 孔	ϕ5.8mm 钻头		H9	1000	50	/
	16. 钻 2 × ϕ9.8mm 孔	ϕ9.8mm 钻头		H10	800	50	/
	17. 钻 2 × ϕ10.2mm 孔	ϕ10.2mm 钻头		H11	700	50	/
	18. 铰 2 × ϕ6H7 孔	ϕ6H7 铰刀		H12	300	30	/
	19. 铰 2 × ϕ10H7 孔	ϕ10H7 铰刀		H13	250	30	/
	20. 轮廓及孔口倒角	ϕ6mm 倒角铣刀	D7	H7	1500	80	1
	21. 攻 2 × M12 - 6H 螺纹孔	M12 - 6H 丝锥		H14	100	175	/

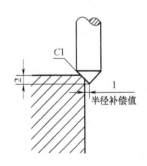

图 4-45 倒角刀加工原理

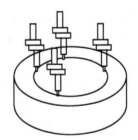
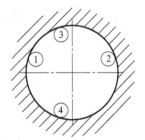

图 4-46 寻边器分中对刀

粗加工 ϕ30mm 圆孔时,刀具直接从工件表面下刀,由于立铣刀底部横刃不过中心,如图 4-47 所示,刀具中心处材料无法切削,因此必须先用钻头在孔中心预先钻好下刀底孔,下刀时,刀具从孔内下刀。或采用图 4-48 所示的横刃过中心的键槽铣刀代替立铣刀。

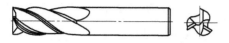

图 4-47　三刃立铣刀

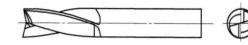

图 4-48　键槽铣刀

2. 编写程序

该零件为对称零件，根据零件特征，将工件坐标系设定在 ϕ30mm 镗孔圆心位置。需要用到 G01、G02、G03 指令加工底面环槽、外轮廓、铣孔，G85 镗孔指令镗孔，再翻面装夹，以精加工过的镗孔对刀，用 G81、G82 指令钻铰孔及 G84 指令攻螺纹。部分参考程序如下。

1）零件底面外轮廓精加工参考程序见表 4-24。

表 4-24　底面外轮廓精加工参考程序

程序号:O0002		
程序段号	程序内容	指令含义
N10	G21　G40　G49　G54　G90;	程序初始化
N20	M03　S1000;	起动主轴正转,转速 1000r/min
N30	G00　G43　H11　Z100　M08;	调用 H11 长度补偿,快速定位至 Z100 高度,打开切削液
N40	G00　X0　Y-60;	快速定位至(0,60)
N50	G00　Z5;	快速靠近工件
N60	G01　Z-15　F50;	下刀至 Z-15 深度
N70	G41　D11　Y-50　F80;	调用 D11 半径补偿
N80	G02　Y50　R50;	加工轮廓
N90	G01　X75;	加工轮廓
N100	G02　Y-50　R50;	加工轮廓
N110	G01　X0;	加工轮廓
N120	G40　G01　Y-60	取消半径补偿
N130	G01　Z5;	抬刀
N140	G00　G49　Z100;	取消长度补偿,快速定位至 Z100 高度
N150	M05　M09;	主轴停止,冷切削关闭
N160	M30;	程序结束

2）零件底面环槽精加工程序见表 4-25。

表 4-25　底面环槽精加工参考程序

程序号:O0003		
程序段号	程序内容	指令含义
N10	G21　G40　G49　G54　G90;	程序初始化
N20	M03　S1000;	起动主轴正转,转速 1000r/min
N30	G00　G43　H12　Z100　M08;	调用 H2 长度补偿,快速定位至 Z100 高度,打开切削液

（续）

程序号：O0003		
程序段号	程序内容	指令含义
N40	G00 X0 Y0；	快速定位至(0,0)
N50	G00 Z5；	快速接近工件
N60	G41 D12 Y－47 F80；	调用 D2 半径补偿
N70	G01 Z－3 F50；	下刀至 Z－3 深度
N80	X75；	加工轮廓
N90	G03 Y47 R47；	加工轮廓
N100	G01 X0；	加工轮廓
N110	G03 Y－47 R－47；	加工轮廓
N120	G01 Z5；	抬刀
N130	G40 X0 Y0；	取消半径补偿
N140	G00 G49 Z100；	取消长度补偿,快速定位至 Z100 高度
N150	M05 M09；	主轴停止,关闭切削液
N160	M30；	程序结束

3）零件底面 ϕ30mm 镗孔加工参考程序见表 4-26。

表 4-26 底面 ϕ30mm 镗孔加工参考程序

程序号：O0004		
程序段号	程序内容	指令含义
N10	G21 G40 G49 G54 G90；	程序初始化
N20	M03 S1000；	起动主轴正转,转速 1000r/min
N30	G00 G43 H6 Z100 M08；	调用 H6 长度补偿,快速定位至 Z100 高度,打开切削液
N40	G00 X0 Y0；	快速定位至(0,0)
N50	G99 G85 X0 Y0 Z－25 R5 F150；	调用镗孔循环指令镗孔
N60	G80；	取消镗孔循环
N70	G00 G49 Z100；	取消长度补偿,快速定位至 Z100 高度
N80	M05 M09；	主轴停止,关闭切削液
N90	M30；	程序结束

4）零件底面 ϕ30mm 孔口倒角加工参考程序见表 4-27。

表 4-27 底面 ϕ30mm 孔口倒角加工参考程序

程序号：O0005		
程序段号	程序内容	指令含义
N10	G21 G40 G49 G54 G90；	程序初始化
N20	M03 S1000；	起动主轴正转,转速 1000r/min
N30	G00 G43 H7 Z100 M08；	调用 H7 长度补偿,打开切削液

（续）

	程序号:00005	
程序段号	程序内容	指令含义
N40	G00 X0 Y0;	快速定位至(0,0)
N50	G01 Z−2 F50;	下刀至Z−2深度
N60	G41 D7 X15 Y0;	调用D7半径补偿
N70	G03 I−15 J0;	加工轮廓
N80	G40 G01 X0 Y0;	取消半径补偿
N90	G01 Z5;	抬刀
N100	G00 G49 Z100;	取消长度补偿,快速定位至Z100高度
N110	M05 M09;	主轴停止,关闭切削液
N120	M30;	程序结束

5）零件上面外轮廓凸台精加工参考程序见表4-28。

表4-28 上面外轮廓凸台精加工参考程序

	程序号:00008	
程序段号	程序内容	指令含义
N10	G21 G40 G49 G54 G90;	程序初始化
N20	M03 S1000;	起动主轴正转,转速1000r/min
N30	G00 G43 H11 Z100 M08;	调用H11长度补偿,快速定位至Z100高度,打开切削液
N40	G00 X0 Y60;	快速定位至(0,60)
N50	G00 Z5;	快速接近工件
N60	G01 Z−10 F50;	下刀至Z−10深度
N70	G41 D11 X5.55 Y24.38 F80;	调用D11半径补偿
N80	G03 X23.19 Y34.5 R15;	加工轮廓
N90	G02 X52.08 Y33.51 R15;	加工轮廓
N100	G01 X53.95 Y25.75;	加工轮廓
N110	G03 X61.24 Y20 R7.5;	加工轮廓
N120	G01 X75 Y20;	加工轮廓
N130	G02 Y−20 R20;	加工轮廓
N140	G01 X61.24 Y−20;	加工轮廓
N150	G03 X53.95 Y−25.75 R15;	加工轮廓
N160	G01 X52.08 Y−33.51;	加工轮廓
N170	G02 X23.19 Y−34.5 R15;	加工轮廓
N180	G03 X5.55 Y−24.38 R15;	加工轮廓
N190	G02 Y24 R−25;	加工轮廓
N200	G40 G01 X0 Y60;	取消半径补偿
N210	G01 Z5;	抬刀
N220	G00 G49 Z100;	取消长度补偿,快速定位至Z100高度
N230	M05 M09;	主轴停止,关闭切削液
N240	M30;	程序结束

6）零件上面 M12 螺纹孔攻螺纹加工参考程序见表 4-29。

表 4-29　上面 M12 螺纹孔攻螺纹加工参考程序

程序号:O0012		
程序段号	程序内容	指令含义
N10	G21　G40　G49　G54　G90;	程序初始化
N20	M03　S100;	起动主轴正转,转速 100r/min
N30	G00　G43　H14　Z100　M08;	调用长度补偿,快速定位至 Z100 高度,打开切削液
N40	G00　X0　Y60;	快速定位至(0,60)
N50	G99　G84　X37.5　Y30　Z-30　R5　P1　F175;	调用攻螺纹循环指令加工螺纹
N60	Y-30;	加工第二个螺纹
N70	G80;	取消攻螺纹循环
N80	G00　G49　Z100;	取消长度补偿,快速定位至 Z100 高度
N90	M05　M09;	主轴停止,关闭切削液
N100	M30;	程序结束

3. 加工零件

1）开机、回参考点,建立机床坐标系。

2）校正机用虎钳,装夹工件。铣平面,加工外轮廓、$\phi30mm$ 孔时将 180mm × 110mm × 28mm 板料装夹在机用虎钳上,装夹深度不能小于 5mm。

3）将工件一面用盘铣刀铣平,完成后翻面装夹。翻面加工时用机用虎钳夹住已加工完成的外轮廓(宽度为 100mm 的两个面),装夹深度不能小于 5mm,以 $\phi30mm$ 为精基准对刀,完成凸台轮廓和孔的粗、精加工。

4）设定好工件坐标系,用基准刀具进行对刀,其他刀具输入长度补偿值。

5）将数控程序全部输入数控机床中,进行模拟仿真。

6）选择 JOG(手动)方式,安装 4mm 键槽铣刀。

7）打开程序"O0003",选择自动加工方式,调小进给倍率,按"循环启动"键进行 4mm 宽环槽的加工,观察加工情况并逐步调整进给倍率。首次加工也可采用单段加工方式。

8）完成后更换刀具,依次进行其他部位的加工。

9）反面加工将工件装夹在机用虎钳上,打开程序"O0008",完成外轮廓凸台粗、精加工。

10）加工结束后,及时打扫机床,切断电源。

4.3.3　汽车底盘连接头编程与加工

汽车发动机、变速器等机械部件均是通过各种连接头安装在底盘上的,连接头加工质量好坏直接影响连接的安全性与可靠性。图 4-49 所示为底盘连接头零件图,要求在数控铣床上完成零件的全部加工,零件毛坯为 240mm × 180mm × 60mm 钢件,分析图形可知该零件包含外轮廓、内轮廓、孔、倒角等特征。

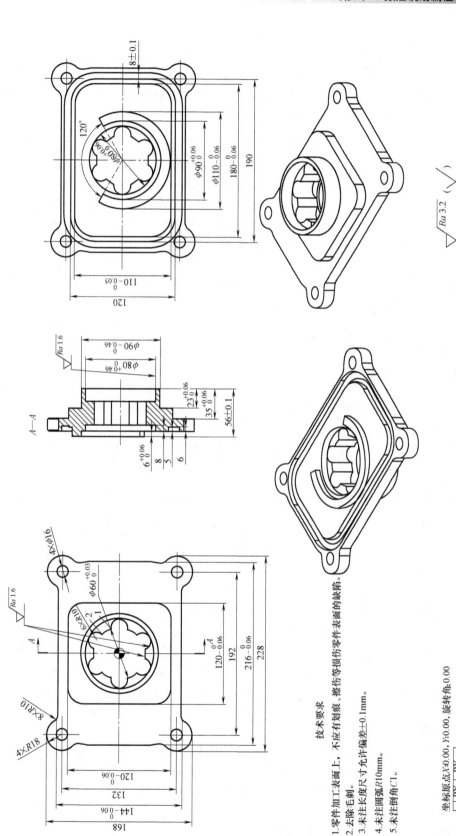

技术要求

1.零件加工表面上，不应有划痕、磕伤等损伤零件表面的缺陷。
2.去除毛刺。
3.未注长度尺寸允许偏差±0.1mm。
4.未注圆弧R10mm。
5.未注倒角C1。

坐标原点X:0.00, Y:0.00, 旋转角:0.00

	PX	PY
1	28.33	9.86
2	22.71	19.61

图 4-49 底盘连接头

1. 工艺分析

根据零件特征，选择相应加工刀具，有 ϕ16mm 立铣刀、ϕ6mm 键槽铣刀、A3 中心钻、ϕ16mm 钻头、ϕ6mm 倒角铣刀。该零件为对称零件，加工时夹住毛坯，先加工正面圆柱凸台、四方凸台及中间内轮廓，完成后翻面加工，夹住四方凸台完成底面外轮廓、凸台及环槽的加工。具体加工工艺过程及切削用量见表 4-30。

表 4-30　底盘连接头加工工艺

定位装夹	工步序号及内容	刀具	半径补偿	长度补偿	主轴转速 $n/(\text{r/min})$	进给量 $f/(\text{mm/min})$	背吃刀量 a_p/mm
上面：机用虎钳装夹	1. 铣平面（正面）	盘铣刀		H10	600	100	1
	2. 粗铣圆柱凸台	ϕ16mm 立铣刀	D1	H1	400	80	4
	3. 粗铣四方凸台	ϕ16mm 立铣刀	D1	H1	400	80	4
	4. 粗铣 ϕ80mm 圆槽	ϕ16mm 立铣刀	D1	H1	400	80	4
	5. 粗铣花形内轮廓	ϕ16mm 立铣刀	D1	H1	400	80	4
	6. 精铣圆柱凸台	ϕ16mm 立铣刀	D11	H11	600	60	0.5
	7. 精铣四方凸台	ϕ16mm 立铣刀	D11	H11	600	60	0.5
	8. 精铣 ϕ80mm 圆槽	ϕ16mm 立铣刀	D11	H11	600	60	0.5
	9. 精铣花形内轮廓	ϕ16mm 立铣刀	D11	H11	600	60	0.5
	10. 轮廓倒角	ϕ6mm 倒角铣刀	D6	H6	1500	80	1
底面：机用虎钳装夹	11. 粗铣外轮廓	ϕ16mm 立铣刀	D1	H1	400	80	4
	12. 粗铣中间凸台	ϕ16mm 立铣刀	D1	H1	400	80	4
	13. 粗铣 ϕ80mm 圆槽	ϕ16mm 立铣刀	D1	H1	400	80	4
	14. 粗铣环槽	ϕ6mm 立铣刀	D2	H2	400	40	4
	15. 精铣外轮廓	ϕ16mm 立铣刀	D11	H11	600	60	0.5
	16. 精铣中间凸台	ϕ16mm 立铣刀	D11	H11	600	60	0.5
	17. 精铣 ϕ80mm 圆槽	ϕ16mm 立铣刀	D11	H11	600	60	0.5
	18. 精铣环槽	ϕ6mm 立铣刀	D12	H12	1000	30	0.5
	19. 中心钻点孔	A3 中心钻		H7	1000	80	2
	20. 钻孔	ϕ16mm 钻头		H8	500	80	
	21. 轮廓倒角	ϕ6mm 倒角铣刀	D6	H6	1500	80	1

2. 编写程序

该零件为对称零件，根据零件特征，将工件坐标系设定在零件中心位置。编程时需要用到 G01、G02、G03、G41 指令加工凸台、花形型腔、倒角，再翻面装夹，以精加工过的花形型腔对刀，用 G01、G02、G03、G41 指令加工内、外轮廓，用 G81 指令点孔和钻孔。部分参考程序如下。

1）零件上面四方凸台精加工参考程序见表 4-31。

表 4-31　四方凸台精加工参考程序

程序号:O0006		
程序段号	程序内容	指令含义
N10	G21　G40　G49　G54　G90;	程序初始化
N20	M03　S600;	起动主轴正转,转速 600r/min
N30	G00　G43　H11　Z100　M08;	调用 H11 长度补偿,快速定位至 Z100 高度,打开切削液
N40	G00　X120　Y0;	快速定位至(120,0)
N50	G00　Z5;	快速接近工件
N60	G01　Z-35　F80;	下刀至 Z-35 深度
N70	G41　D11　X60　Y0;	调用 D11 半径补偿
N80	G01　X60　Y-40;	加工轮廓
N90	G02　X40　Y-60　R20;	加工轮廓
N100	G01　X-40;	加工轮廓
N110	G02　X-60　Y-40　R20;	加工轮廓
N120	G01　Y40;	加工轮廓
N130	G02　X-40　Y60　R20;	加工轮廓
N140	G01　X40;	加工轮廓
N150	G02　X60　Y40　R20;	加工轮廓
N160	G01　Y0;	加工轮廓
N170	G40　X120;	取消半径补偿
N180	G00　Z5;	抬刀
N190	G00　G49　Z100;	取消长度补偿,快速定位至 Z100 高度
N200	M05　M09;	主轴停止,关闭切削液
N210	M30;	程序结束

2）零件正面花形内轮廓精加工参考程序见表 4-32。

表 4-32　花形内轮廓精加工参考程序

程序号:O0008		
程序段号	程序内容	指令含义
N10	G21　G40　G49　G54　G90;	程序初始化
N20	M03　S600;	起动主轴正转,转速 600r/min
N30	G00　G43　H11　Z100　M08;	调用 H11 长度补偿,快速定位至 Z100 高度,打开切削液
N40	G00　X0　Y0;	快速定位至(0,0)
N50	G00　Z5;	快速接近工件
N60	G01　Z-42　F60;	下刀至 Z-42 深度
N70	G41　D11　X28.33　Y9.86;	调用 D11 半径补偿
N80	G03　X22.71　Y19.61　R30;	加工轮廓

（续）

程序号：O0008

程序段号	程序内容	指令含义
N90	G03　X5.63　Y29.47　R−10；	加工轮廓
N100	G03　X−5.63　R−30；	加工轮廓
N110	G03　X−22.71　Y19.61　R−10；	加工轮廓
N120	G03　X28.33　Y9.86　R30；	加工轮廓
N130	G03　Y−9.86　R−10；	加工轮廓
N140	G03　X−22.71　Y−19.61　R30；	加工轮廓
N150	G03　X−5.63　Y−29.47　R−10；	加工轮廓
N160	G03　X5.63　R30；	加工轮廓
N170	G03　X22.71　Y−19.61　R−10；	加工轮廓
N180	G03　X28.33　Y−9.86　R30；	加工轮廓
N190	G03　Y9.86　R−10；	加工轮廓
N200	G40　G01　X0　Y0；	取消半径补偿
N210	G00　Z5；	抬刀
N220	G00　G49　Z100；	取消长度补偿，快速定位至Z100高度
N230	M05　M09；	主轴停止，关闭切削液
N240	M30；	程序结束

3）零件反面圆弧凸台精加工参考程序见表4-33。

表4-33　反面圆弧凸台精加工参考程序

程序号：O0015

程序段号	程序内容	指令含义
N10	G21　G40　G49　G54　G90；	程序初始化
N20	M03　S600；	起动主轴正转，转速600r/min
N30	G00　G43　H11　Z100　M08；	调用H11长度补偿，快速定位至Z100高度，打开切削液
N40	G00　X0　Y0；	快速定位至(0,0)
N50	G00　Z5；	快速接近工件
N60	G01　Z−6　F60；	下刀至Z−6深度
N70	G41　D11　X91.36　Y22.5；	调用D11半径补偿
N80	G01　X100.02　Y27.5；	加工轮廓
N90	G02　X−100.02　R−110；	加工轮廓
N100	G01　X−91.36　Y22.5；	加工轮廓
N110	G03　X91.36　R−45；	加工轮廓
N120	G40　G01　X0　Y0；	取消半径补偿
N130	G00　Z5；	抬刀
N140	G00　G49　Z100；	取消长度补偿，快速定位至Z100高度
N150	M05　M09；	主轴停止，关闭切削液
N160	M30；	程序结束

3. 加工零件

1）开机、回参考点，建立机床坐标系。

2）校正机用虎钳，装夹工件。铣平面，加工φ90mm圆柱凸台、120mm×120mm四方凸台外轮廓、φ80mm孔时，将240mm×180mm×60mm方料装夹在机用虎钳上，装夹深度不能小于5mm。

3）将工件一面用盘铣刀铣平，完成轮廓加工后翻面装夹。翻面加工时用机用虎钳夹住已完成加工的120mm×120mm四方凸台外轮廓，装夹深度不能小于5mm，以花形内轮廓为精基准对刀，完成底面轮廓和孔的加工。

4）设定好工件坐标系，用基准刀具进行对刀，其他刀具输入长度补偿值。

5）将数控加工程序全部输入数控机床中，进行模拟仿真。

6）选择JOG（手动）方式，安装6mm键槽铣刀。

7）打开程序"O0006"，选择自动加工方式，调小进给倍率，按"循环启动"键进行8mm宽环槽的加工，观察加工情况逐步调整进给倍率。首次加工也可采用单段加工方式。

8）完成后更换刀具，依次进行其他部位的加工。

9）反面加工将工件装夹在机用虎钳上，打开程序O0015，完成外轮廓凸台的粗、精加工。

10）加工结束后，及时打扫机床，切断电源。

4.3.4 汽车轮毂编程与加工

轮毂是汽车车轮的重要组成部分，是连接制动鼓和半轴凸缘的重要零件，汽车轮毂属盘套类零件，图4-50所示为汽车轮毂零件图，要求在数控车床和数控铣床上完成轮毂零件的加工，该轮廓包含外轮廓、型腔、孔、槽等特征。

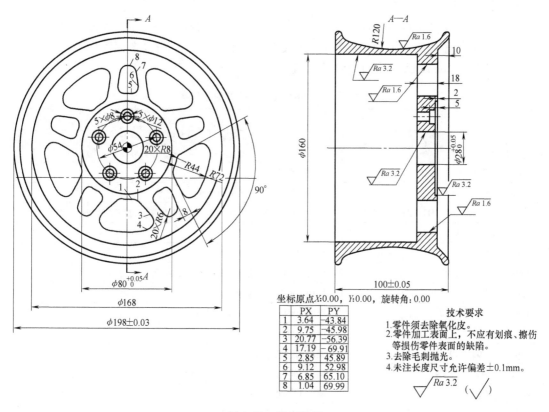

	PX	PY
1	3.64	-43.84
2	9.75	-45.98
3	20.77	-56.39
4	17.19	-69.91
5	2.85	45.89
6	9.12	52.98
7	6.85	65.10
8	1.04	69.99

坐标原点X:0.00，Y:0.00，旋转角:0.00

技术要求
1.零件须去除氧化皮。
2.零件加工表面上，不应有划痕、擦伤等损伤零件表面的缺陷。
3.去除毛刺抛光。
4.未注长度尺寸允许偏差±0.1mm。

图4-50 汽车轮毂

数控加工技术

1. 工艺分析

根据轮毂的特征可知，该零件整体属于回转类零件，外圆、$\phi160mm$ 内孔、右端圆锥面和 $\phi20mm$ 孔由数控车床完成加工，轮毂端面的均布孔和 $\phi80mm$ 圆槽采用数控铣床完成加工。根据孔、槽的尺寸，选用 $\phi8mm$ 键槽铣刀、$\phi12mm$ 键槽铣刀、$\phi8mm$ 钻头。零件只需一次装夹即可，装夹时采用自定心卡盘卡爪撑住 $\phi160mm$ 内孔。10 个异形孔和 $\phi80mm$ 圆槽表面粗糙度值要求 $Ra1.6\mu m$，精加工需要采用顺铣完成。具体铣削加工工艺过程和切削用量见表 4-34。

表 4-34 轮毂加工工艺

定位装夹	工步序号及内容	刀具	半径补偿	长度补偿	主轴转速 $n/(r/min)$	进给量 $f/(mm/min)$	背吃刀量 a_p/mm
左端自定心卡盘装夹	1. 粗铣 $\phi80mm$ 圆槽	$\phi12mm$ 键槽铣刀	D1	H1	600	80	2
	2. 粗铣大异形孔	$\phi12mm$ 键槽铣刀	D1	H1	600	80	4
	3. 粗铣小异形孔	$\phi8mm$ 键槽铣刀	D2	H2	800	80	3
	4. 铣 $\phi12mm$ 沉头孔	$\phi8mm$ 键槽铣刀	D2	H2	800	60	3
	5. 精铣 $\phi80mm$ 圆槽	$\phi12mm$ 键槽铣刀	D11	H11	800	60	0.5
	6. 精铣大异形孔	$\phi12mm$ 键槽铣刀	D11	H11	800	60	0.5
	7. 精铣小异形孔	$\phi8mm$ 键槽铣刀	D12	H12	1000	60	0.5
	8. 钻 $\phi8mm$ 通孔	$\phi8mm$ 钻头		H3	1000	80	

2. 编写程序

零件只需一次装夹即可完成，加工元素为孔和槽，为对称零件，工件坐标系建立在回转中心。编程采用子程序调用和坐标系旋转指令完成孔的加工。部分参考程序如下。

1）零件 $\phi12mm$ 沉头孔加工参考程序见表 4-35。

表 4-35 $\phi12mm$ 沉头孔加工参考程序

主程序号:O0004		
程序段号	程序内容	指令含义
N10	G21 G40 G49 G54 G90;	程序初始化
N20	M03 S800;	起动主轴正转,转速800r/min
N30	G00 G43 H1 Z100 M08;	调用H11长度补偿,快速定位至Z100高度,打开切削液
N40	G00 X0 Y0;	快速定位至(0,0)
N50	G00 Z5;	快速接近工件
N60	M98 P1004;	调用1004号子程序加工$\phi12mm$沉头孔
N70	G68 X0 Y0 R72;	调用工件坐标系旋转72°
N80	M98 P1004;	调用1004号子程序加工$\phi12mm$沉头孔
N90	G69;	取消工件坐标系旋转
N100	G68 X0 Y0 R144;	调用工件坐标系旋转144°
N110	M98 P1004;	调用1004号子程序加工$\phi12mm$沉头孔
N120	G69;	取消工件坐标系旋转
N130	G68 X0 Y0 R216;	调用工件坐标系旋转216°

（续）

主程序号：O0004		
程序段号	程序内容	指令含义
N140	M98　P1004；	调用 1004 号子程序加工 φ12mm 沉头孔
N150	G69；	取消工件坐标系旋转
N160	G68　X0　Y0　R288；	调用工件坐标系旋转 288°
N170	M98　P1004；	调用 1004 号子程序加工 φ12mm 沉头孔
N180	G69；	取消工件坐标系旋转
N190	G00　G49　Z100；	取消长度补偿,快速定位至 Z100 高度
N200	M05　M09；	主轴停止,关闭切削液
N210	M30；	程序结束

子程序号：O1004		
程序段号	程序内容	指令含义
N10	G00　X0　Y27；	快速定位至(0,27)
N20	G01　Z－5　F30；	下刀
N30	G41　D1　X6　F60；	调用半径补偿
N40	G03　I－6　J0；	加工轮廓
N50	G40　G01　X0；	取消半径补偿
N60	Z5；	抬刀
N70	G0　X0　Y0；	定位至(0,0)
N80	M99；	子程序结束并返回主程序

2）零件大异形孔精加工参考程序见表 4-36。

表 4-36　大异形孔精加工参考程序

主程序号：O0006		
程序段号	程序内容	指令含义
N10	G21　G40　G49　G54　G90；	程序初始化
N20	M03　S800；	起动主轴正转,转速 800r/min
N30	G00　G43　H11　Z100　M08；	调用 H11 长度补偿,快速定位至 Z100 高度,打开切削液
N40	G00　X0　Y0；	快速定位至(0,0)
N50	G00　Z5；	快速接近工件
N60	M98　P1006；	调用 1006 号子程序加工异形孔
N70	G68　X0　Y0　R72；	调用工件坐标系旋转 72°
N80	M98　P1006；	调用 1006 号子程序加工异形孔
N90	G69；	取消工件坐标系旋转
N100	G68　X0　Y0　R144；	调用工件坐标系旋转 144°
N110	M98　P1006；	调用 1006 号子程序加工异形孔

（续）

主程序号：O0006		
程序段号	程 序 内 容	指 令 含 义
N120	G69；	取消工件坐标系旋转
N130	G68 X0 Y0 R216；	调用工件坐标系旋转 216°
N140	M98 P1006；	调用 1006 号子程序加工异形孔
N150	G69；	取消工件坐标系旋转
N160	G68 X0 Y0 R288；	调用工件坐标系旋转 288°
N170	M98 P1006；	调用 1006 号子程序加工异形孔
N180	G69；	取消工件坐标系旋转
N190	G00 G49 Z100；	取消长度补偿，快速定位至 Z100 高度
N200	M05 M09；	主轴停止，关闭切削液
N210	M30；	程序结束
子程序号：O1006		
程序段号	程 序 内 容	指 令 含 义
N10	G00 X0 Y-55；	快速定位至(0, -55)
N20	G01 Z-18 F60；	下刀至 Z-18 深度
N30	G41 X17.19 Y-69.91；	调用半径补偿
N40	G03 X20.77 Y-56.39 R8；	加工轮廓
N50	G01 X9.75 Y-45.98；	加工轮廓
N60	G03 X3.64 Y-43.84 R8；	加工轮廓
N70	G02 X-3.64 R44；	加工轮廓
N80	G03 X-9.75 Y-45.98 R8；	加工轮廓
N90	G01 X-20.77 Y-56.39；	加工轮廓
N100	G03 X-17.19 Y-69.91 R8；	加工轮廓
N110	G03 X17.19 R72；	加工轮廓
N120	G40 G01 X0 Y-55；	取消半径补偿
N130	G00 Z5；	抬刀
N140	G00 X0 Y0；	定位至(0,0)
N150	M99；	子程序结束并返回主程序

3. 加工零件

1）开机、回参考点，建立机床坐标系。

2）使用自定心卡盘装夹工件。

3）设定好工件坐标系，用基准刀具进行对刀，其他刀具输入长度补偿值。

4）将数控加工程序全部输入数控机床中，进行模拟仿真。

5）选择 JOG（手动）方式，安装 ϕ8mm 键槽铣刀。

6）打开程序"O0004"，选择自动加工方式，调小进给倍率，按"循环启动"键进行加工，观察加工情况并逐步调整进给倍率。首次加工也可采用单段加工方式。

7）完成后更换刀具，依次进行其他部位的加工。

8）加工结束后，及时打扫机床，切断电源。

思 考 与 练 习

1. 简述数控机床开机、关机步骤。

2. 简述数控机床面板组成部分。

3. 简述回参考点步骤。

4. 简述程序输入步骤。

5. 简述数控铣床对刀操作。

6. 简述自动加工操作方法。

7. 简述数控铣床倍率修调旋钮的作用。

8. 简述手动移动机床坐标轴出现超程报警的解决方法。

9. 简述 G00、G01 指令的区别和使用注意事项。

10. 简述 G02、G03 指令的区别和使用注意事项。

11. 简述使用刀具半径补偿指令的意义。

12. 简述 G41、G42 指令的区别。

13. 简述如何使用 G41 和 G42 指令。

14. 简述使用半径补偿指令的注意事项。

15. 简述使用刀具长度补偿指令的意义。

16. 简述使用长度补偿指令的注意事项。

17. 简述子程序格式和调用方法。

18. 简述子程序调用的注意事项。

19. 简述局部坐标系指令的格式及使用注意事项。

20. 简述坐标系旋转指令的格式及使用注意事项。

21. 简述坐标系镜像指令的格式及使用注意事项。

22. 简述 G81 钻孔循环指令的格式及使用注意事项。

23. 简述 G83 钻孔循环指令的格式及使用注意事项。

24. 简述 G84 攻螺纹循环指令的格式及使用注意事项。

25. 简述 G85 镗孔循环指令的格式及使用注意事项。

26. 使用 G00、G01、G02/G03 指令完成图 4-51 所示零件中 $A{\rightarrow}B{\rightarrow}C{\rightarrow}D{\rightarrow}E$ 段程序编制。

27. 使用编程指令完成图 4-52 所示零件的程序编制。

28. 使用编程指令完成图 4-53 所示零件的程序编制。

29. 使用编程指令完成图 4-54 所示零件的程序编制。

30. 使用编程指令完成图 4-55 所示零件的程序编制。

31. 使用编程指令完成图 4-56 所示零件的程序编制。

32. 使用编程指令完成图 4-57 所示零件的程序编制。

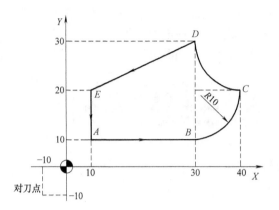

图 4-51 题 26 图

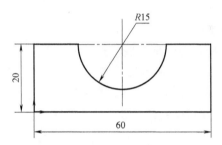

图 4-52 题 27 图

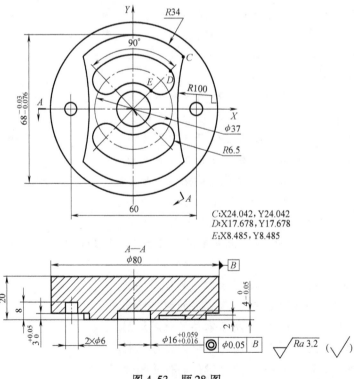

C:X24.042, Y24.042
D:X17.678, Y17.678
E:X8.485, Y8.485

图 4-53 题 28 图

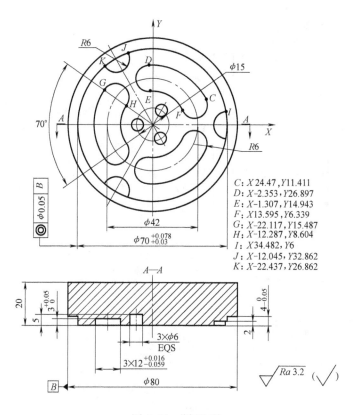

C：X 24.47, Y11.411
D：X-2.353, Y26.897
E：X-1.307, Y14.943
F：X13.595, Y6.339
G：X-22.117, Y15.487
H：X-12.287, Y8.604
I：X34.482, Y6
J：X-12.045, Y32.862
K：X-22.437, Y26.862

图 4-54　题 29 图

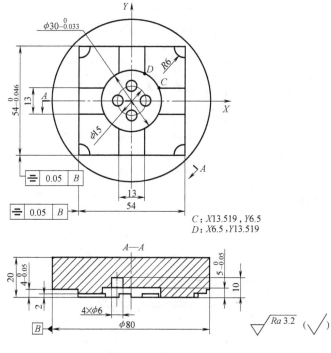

C：X13.519, Y6.5
D：X6.5, Y13.519

图 4-55　题 30 图

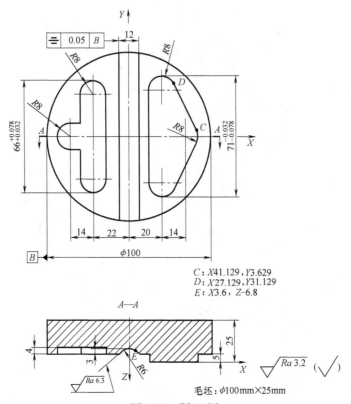

C: X41.129, Y3.629
D: X27.129, Y31.129
E: X3.6, Z-6.8

毛坯: φ100mm×25mm

图 4-56   题 31 图

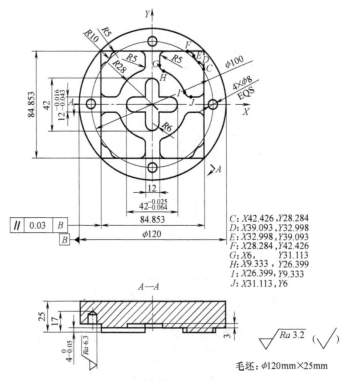

C: X42.426, Y28.284
D: X39.093, Y32.998
E: X32.998, Y39.093
F: X28.284, Y42.426
G: X6,   Y31.113
H: X9.333, Y26.399
I: X26.399, Y9.333
J: X31.113, Y6

毛坯: φ120mm×25mm

图 4-57   题 32 图

33. 使用编程指令完成图 4-58 所示零件的程序编制。

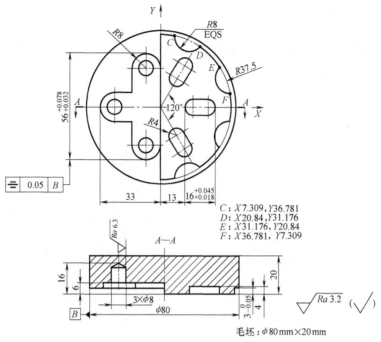

C：X7.309，Y36.781
D：X20.84，Y31.176
E：X31.176，Y20.84
F：X36.781，Y7.309

图 4-58　题 33 图

34. 使用编程指令完成图 4-59 所示零件的程序编制。

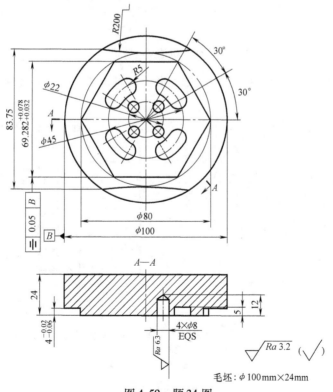

图 4-59　题 34 图

35. 简述顺铣、逆铣与 G41、G42 的关系。

36. 简述尺寸控制方法。

37. 简述使用寻边器找正孔中心的方法。

38. 完成图 4-60 所示机油泵内转子零件的工艺分析、加工工艺编排、刀具选用及程序编制。

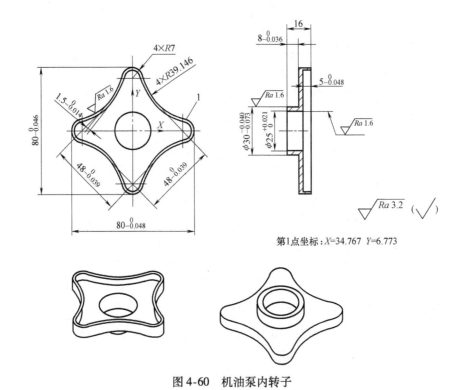

第1点坐标：$X=34.767$ $Y=6.773$

图 4-60 机油泵内转子

39. 完成图 4-61 所示离合器零件的工艺分析、加工工艺编排、刀具选用及程序编制。

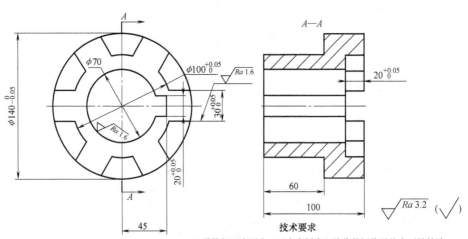

技术要求

1. 零件加工表面上，不应有划痕、擦伤等损伤零件表面的缺陷。
2. 去除毛刺。
3. 未注长度尺寸允许偏差±0.1mm。

图 4-61 离合器零件

40. 完成图 4-62 所示法兰零件的工艺分析、刀具选用及程序编制。

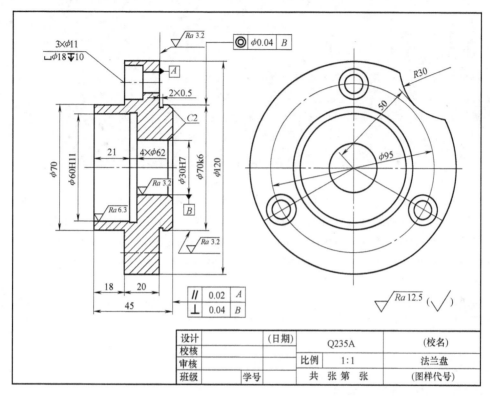

图 4-62　法兰零件

41. 完成图 4-63 所示减速器零件的加工工艺分析、刀具选用，完成右端孔加工程序编制。

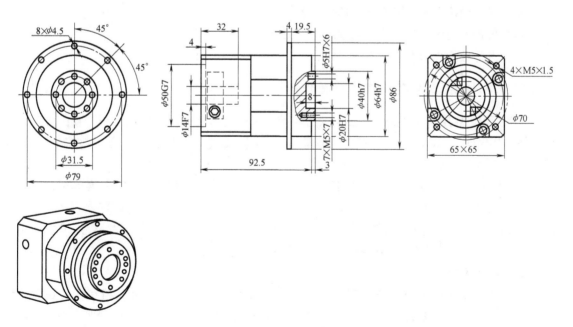

图 4-63　减速器零件

第5章

CAD/CAM自动编程与加工

随着科技的进步，CAD/CAM（计算机辅助设计与计算机辅助制造）技术的应用越来越普遍，尤其是由非圆曲线构成的零件，手工编程很困难，采用 CAD/CAM 技术加工非常方便实用。常用的 CAD/CAM 软件有 UG、Pro/Engineer、Master CAM 及国产软件 CAXA 等。本章用 CAXA2013 数控车软件及 CAXA 制造工程师软件来介绍 CAD/CAM 加工过程。

5.1   CAXA2013 数控车软件编程与加工

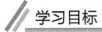 学习目标

    ➲了解 CAD/CAM 基础知识
    ➲了解 CAD/CAM 加工过程
    ➲掌握数控车床程序的输入方法
    ➲会进行数控车床及通信软件参数设置
    ➲会传输数控程序并对输入的程序进行编辑
    ➲会进行数控车床 CAD/CAM 加工

5.1.1   CAXA2013 数控车软件界面介绍

CAXA2013 数控车软件是北京数码大方科技有限公司出品的具有自主知识产权的国产优秀软件，其界面与 CAXA 电子图板相近且兼容，不同之处是工具栏多了一列"数控车菜单"及一列"通信"菜单。其界面如图 5-1 所示。

CAXA2013 数控车界面中间空白区域为绘图（造型）区，顶端有 12 个菜单栏，包括"文件""编辑""视图""格式""幅面""绘图""标注""修改""工具""数控车""通信""帮助"，还有一系列快捷工具，快捷工具功能与菜单栏功能相同。此处仅对 CAXA 电子图板中没有的"数控车"菜单和"通信"菜单的功能进行介绍。

1. 数控车菜单

（1）轮廓粗车   单击"数控车"菜单下"轮廓粗车"子菜单，出现粗车参数设置对话框，可进行"加工参数""进退刀方式""切削用量""轮廓车刀"的设置，如图 5-2 所示。

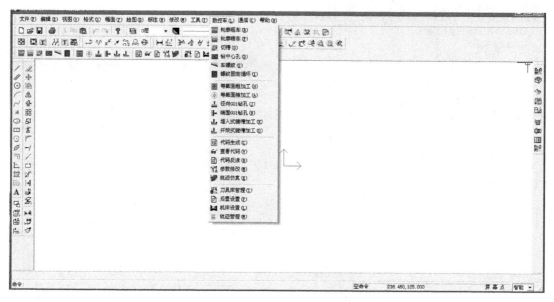

图 5-1　CAXA 数控车 2013 界面

（2）轮廓精车　单击"数控车"菜单下"轮廓精车"子菜单，出现精车参数设置对话框，可进行"加工参数""进退刀方式""切削用量""轮廓车刀"的设置，如图 5-3 所示。

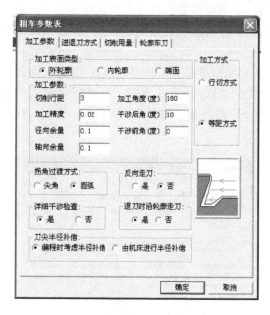

图 5-2　轮廓粗车参数设置对话框

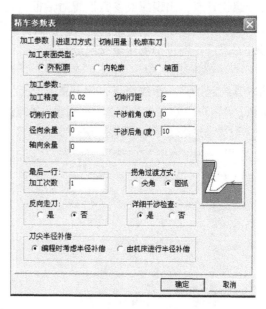

图 5-3　轮廓精车参数设置对话框

（3）切槽　单击"数控车"菜单下"切槽"子菜单，出现切槽参数设置对话框，可进行"切槽加工参数""切削用量""切槽刀具"的设置，如图 5-4 所示。

（4）钻中心孔（钻孔）　单击"数控车"菜单下"钻中心孔"子菜单，出现钻中心孔参数设置对话框，可进行"加工参数""用户自定义参数""钻孔刀具"的设置，如图 5-5 所示。

图 5-4　切槽参数设置对话框　　　　　图 5-5　钻中心孔（钻孔）参数设置对话框

（5）车螺纹　单击"数控车"菜单下"车螺纹"子菜单，按提示用鼠标拾取螺纹起始点、螺纹终点，出现螺纹参数设置对话框，可进行"螺纹参数""螺纹加工参数""进退刀方式""切削用量""螺纹车刀"的设置，如图 5-6 所示。设置后单击"确定"，用鼠标点选进退刀点，即可出现车螺纹轨迹。

（6）螺纹固定循环　单击"数控车"菜单下"螺纹固定循环"子菜单，按提示用鼠标拾取螺纹起始点、螺纹终点，出现螺纹固定循环加工参数设置对话框，可进行"螺纹加工参数""用户自定义参数""切削用量""螺纹车刀"的设置，如图 5-7 所示。

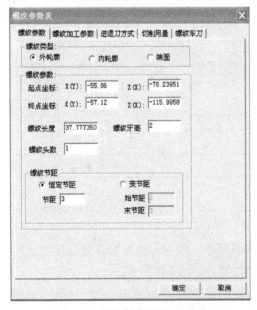

图 5-6　螺纹参数设置对话框　　　　　图 5-7　螺纹固定循环加工参数设置对话框

（7）代码生成　单击"数控车"菜单下"代码生成"子菜单，出现生成后置代码对话框，如图5-8所示。选择数控系统、设置程序名，还可单击"代码文件"将生成代码（程序）另存于计算机中适当位置，单击"确定"按钮，按提示拾取轨迹并右击确认，即生成数控程序。

（8）轨迹仿真　轨迹仿真可以对已生成刀具轨迹的操作进行仿真加工，操作步骤为：单击"数控车"菜单下"轨迹仿真"子菜单，出现轨迹仿真提示，按提示拾取轨迹并用鼠标右键确认，出现如图5-9所示的轨迹仿真控制条，单击控制条中按钮可进行播放、快进、停止等操作。

图5-8　生成后置代码对话框　　　　　　　　图5-9　轨迹仿真控制条

（9）刀具库管理　单击"数控车"菜单下"刀具库管理"子菜单，出现刀具库管理设置对话框，如图5-10所示，可进行"轮廓车刀""切槽刀具""钻孔刀具""螺纹车刀""铣刀具"的设置。

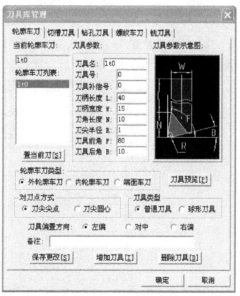

图5-10　刀具库管理设置对话框

（10）后置设置　单击"数控车"菜单下"后置设置"子菜单，出现后置处理设置对话框，如图5-11所示，可进行机床名选择、程序行号设置、编程方式设置、坐标输出格式设置等。

（11）机床设置　单击"数控车"菜单下"机床设置"子菜单，出现机床类型设置对话框，如图5-12所示，可进行数控系统选择及数控代码设置等。

图5-11　后置处理设置对话框

图5-12　机床类型设置对话框

2. 通信菜单

单击通信菜单，可选择"发送""接收""设置""启动CAXA网络DNC"等，如图5-13所示。

（1）设置　单击"通信"菜单下"设置"子菜单，出现通信参数设置对话框，可进行程序发送参数设置和程序接收参数设置，如图5-14所示。通信参数设置必须与数控机床中

图5-13　通信菜单

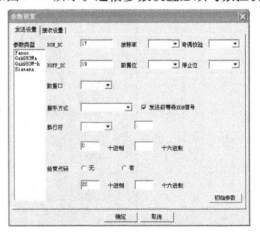

图5-14　通信参数设置对话框

通信参数一致，才能完成程序的发送与接收。

（2）发送 单击"通信"菜单下"发送"子菜单，出现发送代码对话框，如图 5-15 所示。选择数控系统类型，单击"代码文件"按钮可选择要发送的程序，单击"确定"即可完成数控程序由计算机到数控系统的传送。

（3）接收 单击"通信"菜单下"接收"子菜单，出现接收代码对话框，如图 5-16 所示。选择机床系统，单击"确定"按钮，可将数控机床中程序传输到计算机中。

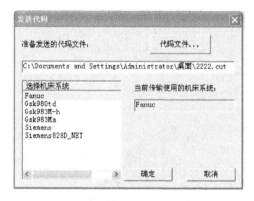

图 5-15　发送代码对话框

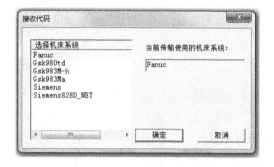

图 5-16　接收代码对话框

5.1.2　数控机床程序接收及程序传输方法

将程序传输到数控机床中有以下几种方法：

（1）RS232 接口传输 数控机床大多配有 RS232 接口，用于数控机床与计算机间数据传输，传输时需专用的传输通信软件或 CAD/CAM 软件自带的传输功能，且数控机床与通信软件参数一致。发那科系统通信参数设置及程序读入操作步骤见表 5-1。

表 5-1　发那科系统通信参数设置及程序读入操作步骤

发那科系统通信参数设置步骤	发那科系统程序读入步骤
1）按［SYSTEM］系统功能键 2）按［参数］软键，按［▶］软键 3）按［所有 IO］软键，显示所有 IO 画面 4）将光标移至相应参数位置进行参数设置	1）按机床数控面板［PROG］系统功能键 2）按［列表］软键，出现［操作］软键 3）按［输入］软件 4）按［执行］软件 5）在传输软件中选择要传输的程序进行程序传送

（2）CF 卡传输 将程序复制到 CF 卡中，再把 CF 卡插到数控机床的 CF 插槽中即可在数控机床上调用、复制 CF 卡中程序。

（3）以太网传输 将数控机床与计算机联成局域网，实现基于以太网形式的程序传输。

5.1.3　CAXA2013 数控车软件加工实例

图 5-17 所示的圆头电动机轴由外圆、端面、圆锥、圆弧面、槽及外螺纹构成，外圆柱（锥）及螺纹精度要求较高，材料为 45 钢，毛坯为 $\phi30mm$ 棒料，加工后效果图如图 5-18 所示。

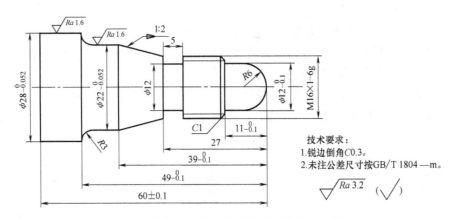

图 5-17　圆头电动机轴零件图

1. 零件的加工工艺

本零件加工用到外圆粗车刀、外圆精车刀、切槽刀和螺纹车刀等四种刀具，根据实际情况选用可转位式车刀并分别放在 T01、T02、T03、T04 号刀位作为 CAD/CAM 操作中刀具库管理设置参数的依据。零件加工工艺过程及各表面加工切削用量见表 5-2。此表中的参数作为 CAD/CAM 操作中相关参数设置依据。

2. 零件的 CAD/CAM 加工过程

（1）造型　在 CAXA 数控车软件中，画出首尾相接的工件轮廓曲线的过程称为造型。数控车床机床坐标系的 Z 轴即是软件绝对坐标系的 X 轴，平面图形均指投射到绝对坐标系的 XOY 面的图形。操作步骤：打开 CAXA2013 数控车软件，用画图工具绘出工件轮廓线，工件右端面轴心点位于软件坐标原点上，如图 5-19 所示。

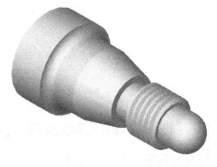

图 5-18　圆头电动机轴三维效果图

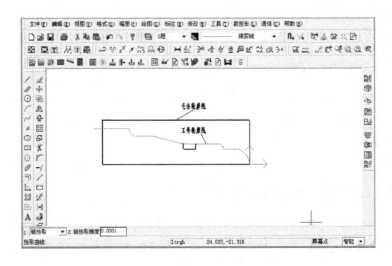

图 5-19　CAXA2013 数控车软件中工件轮廓及毛坯轮廓图形

表 5-2　零件加工工艺

工序名	定位 （装夹面）	工步序号及内容	刀具及刀号	转速 $n/(r/min)$	进给量 $f/(mm/r)$	背吃刀量 a_p/mm
车	夹住毛坯外圆，伸出长度70mm	1. 粗车端面、外圆轮廓	外圆车刀，刀号 T01	600	0.2	2～4
		2. 精车端面、外圆轮廓	外圆车刀，刀号 T02	1000	0.1	0.2
		3. 切槽	切槽刀，刀号 T03	400	0.1	4
		4. 车螺纹	螺纹车刀，刀号 T04	350	2	0.1～0.4
		5. 手动切断	切槽刀，刀号 T03	400	0.1	4

（2）设置毛坯并画毛坯轮廓线　针对粗车，需要指定被加工体的毛坯。毛坯轮廓也是一系列首尾相接曲线的集合，如图 5-19 所示。在进行数控编程、指定待加工图形时，常常需要用户指定毛坯的轮廓，用来界定被加工的表面或被加工的毛坯本身。如果毛坯轮廓是用来界定被加工表面的，则要求指定的轮廓是闭合的；如果加工的是毛坯轮廓本身，则毛坯轮廓也可以不闭合。

（3）确定加工路线、生成刀具轨迹　确定加工路线、生成刀具轨迹前先单击"数控车"菜单下"刀具库管理"子菜单，将需要用到的外圆粗车刀、外圆精车刀、切槽刀、螺纹车刀等刀具添加进刀具库中。

1）生成粗车轮廓刀具轨迹。单击"数控车"菜单下"轮廓粗车"子菜单，进行粗车参数设置，按"确定"后根据软件左下端提示，用鼠标拾取轮廓线并单击右键确认，再拾取毛坯轮廓线单击右键确认，在屏幕上用鼠标点取进退刀位置便生成粗车轮廓刀具轨迹，如图 5-20 所示。

2）生成精车轮廓刀具轨迹。单击"数控车"菜单下"轮廓精车"子菜单，进行精车参数设置，单击"确定"后根据软件左下端提示，用鼠标拾取轮廓线并单击右键确认，在屏幕上用鼠标点取进退刀位置便生成精车轮廓刀具轨迹，如图 5-20 所示。

3）生成切槽刀具轨迹。单击"数控车"菜单下"切槽"子菜单，进行切槽参数设置，单击"确定"后根据软件左下端提示，用鼠标拾取槽轮廓线并单击右键确认，在屏幕上用鼠标点取进退刀位置便生成切槽刀具轨迹，如图 5-20 所示。

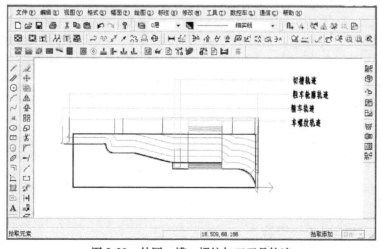

图 5-20　外圆、槽、螺纹加工刀具轨迹

4）生成车螺纹刀具轨迹。单击"数控车"菜单下"车螺纹"子菜单，按提示用鼠标拾取螺纹起始点、螺纹终点，出现螺纹参数表，进行螺纹参数设置，参数设置好后在屏幕上用鼠标点取进退刀位置便生成螺纹加工轨迹，如图5-20所示。

（4）机床类型设置　单击"数控车"菜单下"后置处理"子菜单，在后置处理表中设置相关指令代码和数控系统类型，设置后单击"确定"按钮。

（5）后置设置　单击"数控车"菜单下"后置处理"子菜单，进行后置处理参数设置。设置后单击"确定"按钮。

（6）生成G代码　单击"数控车"菜单下"代码生成"子菜单，出现生成后置代码表；单击"代码文件"将生成代码（程序）另存在计算机桌面上，并取文件名"0063"，如图5-21所示；单击"保存"后在后置代码表中单击"确定"按钮；最后按提示依次拾取粗车轮廓、精车轮廓、切槽、车螺纹轨迹并单击鼠标右键确认，即生成数控程序。

图5-21　CAXA2013程序另存为画面

（7）程序传输　将生成的数控程序通过CAXA软件通信设置发送到机床中。

参考程序（略）。

（8）零件加工

1）开机回参考点，建立机床坐标系。

2）装夹工件。夹住毛坯外圆，伸出长度70mm左右并进行找正。

3）装夹刀具。将用到的外圆粗车刀、外圆精车刀、切槽刀、螺纹车刀等分别装夹在T01、T02、T03、T04号刀位中，刀尖与工件轴心线等高，其中切槽刀和螺纹车刀刀头要严格垂直于工件轴线。

4）对刀操作，将用到的车刀按前面章节介绍的内容采用试切法对刀。刀具对刀完成后，分别进行X、Z方向对刀测试，检验对刀是否正确。

5）对输入程序进行校验。

6）零件加工。打开程序，选择AUTO自动加工方式，调小进给倍率，按"数控启动"键进行自动加工。加工中观察切削情况，逐步将进给倍率调至适当位置。程序运行结束后测量相关尺寸。

7）手动切断并调头车削端面，控制总长。

8）加工结束后，及时清扫机床。

5.2　CAXA2013制造工程师软件编程与加工

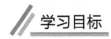学习目标

　　◯了解CAD/CAM基础知识
　　◯了解CAD/CAM加工过程

◉掌握 **CAXA** 制造工程师二维零件绘图方法

◉掌握 **CAXA** 制造工程师二维零件轨迹生成

◉掌握 **CAXA** 制造工程师三维零件绘图方法

◉掌握 **CAXA** 制造工程师三维零件轨迹生成

◉会进行数控铣床及通信软件参数设置

◉会传输数控程序并对输入的程序进行编辑

◉会进行二维零件和三维零件加工

5.2.1　CAXA 制造工程师软件界面介绍

CAXA 制造工程师是北京数码大方科技有限公司开发的基于 Windows 环境下运行的 CAD/CAM 一体化软件，该软件集成了零件几何造型、加工轨迹生成、加工轨迹仿真、数控代码生成及程序传输通信等功能，是同类产品中功能比较完善、性能比较稳定的 CAD/CAM 软件之一。其界面同其他 Windows 软件的界面一样，各种功能主要由菜单和快捷工具实现，具体界面主要由菜单条、工具条、绘图区、状态栏等部分组成，如图 5-22 所示。

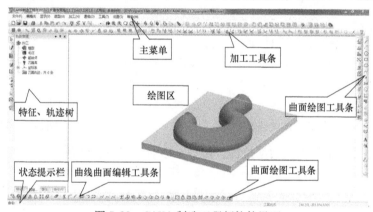

图 5-22　CAXA 制造工程师软件界面

1. 绘图区

绘图区占据软件界面中最大的区域，用于进行二维或三维图形绘制。一般打开软件后，在绘图区内有一个名为".sys"的系统坐标系，辅助用户进行 CAD 设计。在绘图区内滚动鼠标滚轮可以放大或缩小图形显示，按住鼠标滚轮拖动鼠标可以进行空间旋转图形，方便用户设计。在键盘上按 F5 快捷键，绘图区会显示 XY 平面，按 F6 键会显示 YZ 平面，按 F7 键会显示 ZX 平面，按 F8 键会显示空间轴测图，按 F9 键可以在 XY、YZ、ZX 三个平面之间进行当前绘制平面的切换。

当使用工具条命令时，在绘图区中间单击右键会结束当前命令，再次单击右键会调用上一次使用的命令。

2. 主菜单

主菜单位于软件最上方，鼠标单击主菜单会显示对应的下拉式子菜单，软件中对应的文件新建、保存，以及所有的设计、加工等功能均能通过主菜单和子菜单实现。

3. 快捷工具条

为了便于用户快速便捷地使用软件的功能，CAXA 制造工程师把常用的功能通过各式工具条体现，常用的工具条包括：标准工具、显示工具、曲线工具、几何变换、线面编辑、曲面工具、特征工具和加工工具。

（1）标准工具　标准工具条包括文件新建、打开、保存、打印以及图层管理等，如图5-23所示。

（2）显示工具　显示工具条包括重画、显示全部、缩放、旋转、平移、线框显示、实体显示等，如图5-24所示。

图5-23　标准工具

图5-24　显示工具

（3）曲线工具　曲线工具包含了直线、圆弧、矩形、椭圆、公式曲线、多边形、等距线等丰富的曲线绘制工具（图5-25），是绘制二维图形和三维图形使用最多的工具。

（4）几何变换　几何变换包含了偏移、旋转、镜像、阵列、缩放等工具（图5-26），主要用于对二维和三维图形进行偏移、旋转等几何变换。

图5-25　曲线工具

图5-26　几何变换

（5）曲线编辑　曲线编辑工具包含了曲线曲面删除、裁剪、过渡、打断、延伸、缝合等（图5-27），用于编辑曲线和曲面。

（6）曲面工具　曲面工具包含了绘制直纹面、旋转面、扫描面等（图5-28），用于三维曲面造型。

图5-27　曲线编辑

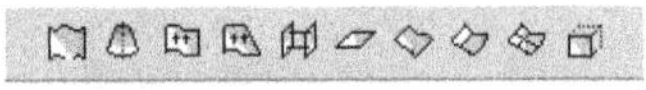

图5-28　曲面工具

（7）特征工具　特征工具包括拉伸、旋转、导动、倒圆、倒角等（图5-29），用于三维实体造型。

图5-29　特征工具

（8）加工工具　加工工具包括平面、实体的粗加工和精加工（图5-30），用于对绘制好的二维、三维曲面和三维实体进行加工。

图5-30　加工工具

4. 特征树、轨迹树、属性、命令立即菜单

特征树用于显示实体造型顺序，轨迹树用于显示生成加工轨迹的顺序，通过树的下方进行特征树、轨迹树、属性及命令立即菜单之间的切换。使用任何绘图、编辑工具，都会在命令列显示该工具命令需要选择或输入的参数。

5. 状态提示栏

状态栏在软件最下方，当执行绘图、加工、测量等操作时会在状态栏左侧提示下一步操作步骤，状态栏右侧显示当前鼠标的坐标值。

5.2.2　二维零件CAD/CAM加工

根据图5-31所示尺寸，完成凸台型腔零件的造型与加工，零件毛坯大小为100mm×

$100mm \times 25mm$，材料为硬铝，根据图中要求，造型时采用"曲线生成栏"绘制曲线，加工时选用$\phi 20mm$平底铣刀加工内外轮廓，$\phi 10mm$钻头加工两个圆孔。

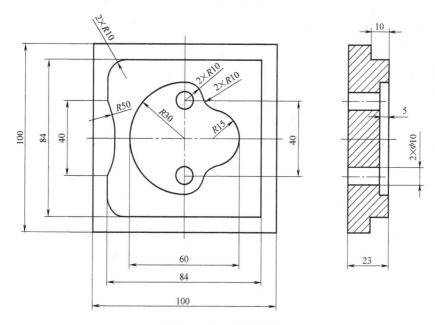

图 5-31　凸台型腔零件

1. 绘制 100mm×100mm 矩形毛坯

按 F5 键，在 XOY 平面内绘制图形。在主菜单中选择"造型"→"曲线生成"→"矩形"，在左侧立即菜单选择"中心＿长＿宽"，输入长度"100"，宽度"100"，按 < Enter > 键，将矩形中心定在".sys"坐标系中间，如图 5-32 所示。

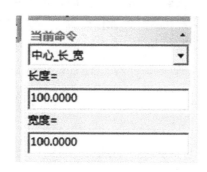

图 5-32　绘制矩形

2. 绘制 84mm×84mm 矩形外轮廓

在主菜单中选择"造型"→"曲线生成"→"矩形"，在左侧立即菜单选择"中心＿长＿宽"，输入长度"84"、宽度"84"，按 < Enter > 键，将矩形中心定在 . sys 坐标系中间。在主菜单中选择"造型"→"曲线编辑"→"曲线过渡"，在左侧立即菜单内选择"圆弧过渡"，输入圆弧半径为"10"，倒两处 $R10mm$ 圆角，完成后如图 5-33 所示。

在主菜单中选择"造型"→"曲线生成"→"圆弧"，在立即菜单中选择"两点半径"，按

<Enter>键，在英文输入法下输入起点坐标"-42，20"，继续输入终点坐标"42，-20"，移动鼠标确定圆弧弯曲方向，继续输入半径"50"，按<Enter>键完成圆弧绘制，如图5-34所示。

在主菜单中选择"造型"→"曲线编辑"→"曲线裁剪"，鼠标左键选择需要裁剪的线条，完成后如图5-35所示。

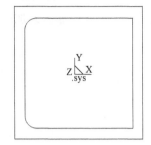

图 5-33　圆弧过渡

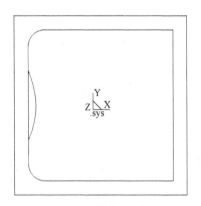

图 5-34　绘制圆弧

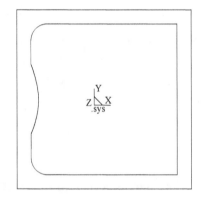

图 5-35　曲线裁剪

3. 绘制中间圆弧内轮廓

在主菜单中选择"造型"→"曲线生成"→"圆弧"，在左侧立即菜单中选择"圆心_半径_起终角"，输入起始角度为"90"，终止角度为"270"，鼠标单击".sys"坐标原点作为圆心点，键盘输入圆弧半径"30"，完成后如图5-36所示。

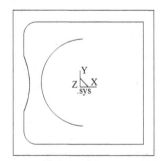

图 5-36　绘制圆弧

在主菜单中选择"造型"→"曲线生成"→"圆"，在立即菜单中选择圆心半径，按<Enter>键，弹出坐标输入对话框，在英文输入法下输入圆心坐标"15，0"（图5-37），继续输入圆半径"15"，单击鼠标右键完成圆的绘制。

再同样以"圆"绘制命令，键盘输入圆心坐标"0，20"，半径"10"，完成上方 R10mm 圆绘制，键盘输入圆心坐标"0，−20"，半径"10"，完成下方 R10mm 圆绘制，如图 5-38 所示。

图 5-37　输入坐标

在主菜单中选择"造型"→"曲线编辑"→"曲线裁剪"，鼠标左键选择需要裁剪的线条，完成后如图 5-39 所示。

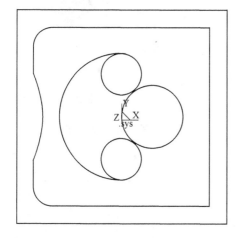

图 5-38　绘制圆

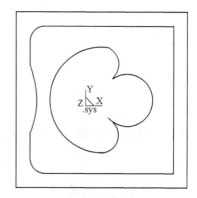

图 5-39　曲线裁剪

在主菜单中选择"造型"→"曲线编辑"→"曲线过渡"，在左侧立即菜单中选择"圆弧过渡"，圆弧半径为"10"，左键选择需要裁剪的圆弧，完成后如图 5-40 所示。

4. 绘制两处 φ10mm 孔

同样以"圆"绘制命令，键盘输入圆心坐标"0，20"，半径"5"，完成上方 φ10mm 孔绘制；键盘输入圆心坐标"0，−20"，半径"5"，完成下方 φ10mm 孔绘制，如图 5-41 所示。

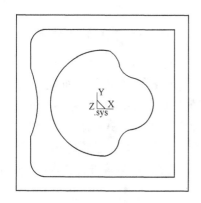

图 5-40　曲线过渡

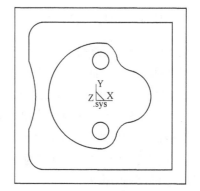

图 5-41　绘制圆孔

5. 创建铣平面轨迹

在主菜单中选择"加工"→"常用加工"→"平面区域粗加工"，弹出"平面区域粗加工"对话框。设置"加工参数"如图 5-42 所示。设置"切削用量"如图 5-43 所示。设置"刀具参数"如图 5-44 所示。其他参数为默认值。单击"确定"按钮，提示选择轮廓曲线，选择 100mm×100mm 矩形，指定任意链搜索方向，完成轨迹的创建，如图 5-45 所示。

图 5-42　"平面区域粗加工"对话框

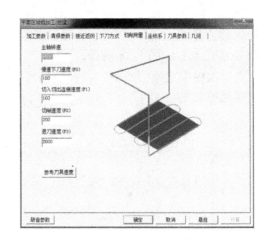

图 5-43　设置切削用量

图 5-44　设置刀具参数

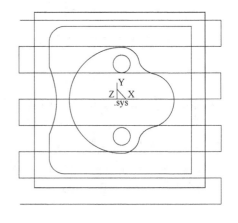

图 5-45　铣平面刀具轨迹

6. 创建外轮廓加工轨迹

在主菜单中选择"加工"→"常用加工"→"平面轮廓精加工"，弹出"平面轮廓精加工"对话框，设置"加工参数"如图 5-46 所示。设置"切削用量"如图 5-47 所示。设置"刀具参数"如图 5-48 所示。其他参数为默认值。单击"确定"按钮，提示选择轮廓曲线，选择 84mm×84mm 外轮廓，指定逆时针加工的链搜索方向，单击右键完成轮廓选取；提示选择进刀点，左键选择轮廓外一点作为下刀点；提示选择退刀点，直接单击右键取消，完成轨迹的创建，如图 5-49 所示。

7. 创建内轮廓加工轨迹

在主菜单中选择"加工"→"常用加工"→"平面轮廓精加工"，弹出"平面轮廓精加工"对话框，设置"加工参数"如图 5-50 所示。其他参数同外轮廓。单击"确定"按钮，提示选择轮廓曲线，选择圆弧内轮廓曲线，指定顺时针加工的链搜索方向，单击右键完成轮廓选取；提示选择进刀点，左键选择圆弧轮廓内一点作为下刀点；提示选择退刀点，直接单击右键取消，完成轨迹的创建，如图5-51所示。

图5-46 "平面轮廓精加工"对话框

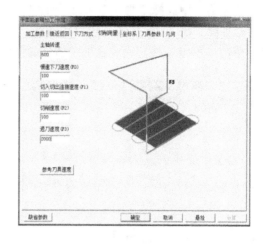

图5-47 设置切削用量

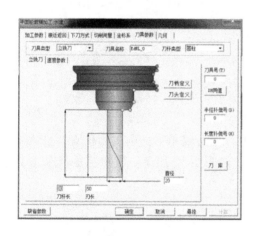

图5-48 设置刀具参数

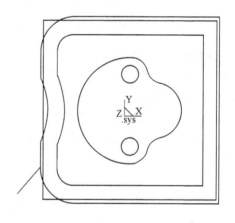

图5-49 平面外轮廓精加工轨迹

图5-50 "平面轮廓精加工"对话框

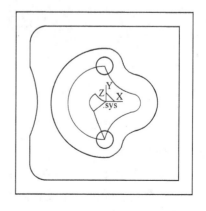

图5-51 平面内轮廓精加工参数

8. 创建钻孔加工轨迹

在主菜单中选择"加工"→"其他加工"→"孔加工",弹出"孔加工"对话框,设置钻孔参数如图5-52所示。单击"拾取圆弧",选择绘图区两个 φ10mm 圆,单击右键完成选择,单击"确定"按钮完成孔加工轨迹的创建,如图5-53所示。

图 5-52 设置钻孔参数

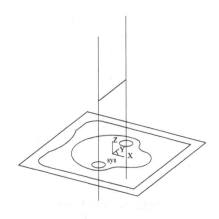

图 5-53 钻孔刀具轨迹

9. 设置模拟加工毛坯

双击"轨迹管理"树中"毛坯",弹出如图5-54所示菜单,按图中尺寸设置。

10. 模拟加工轨迹

在"轨迹管理"栏内选中所有加工轨迹,右击,弹出菜单,选中实体仿真,进入实体切削模拟界面,单击"运行"按钮进行模拟加工,如图5-55所示。模拟完成后单击"退出"按钮。

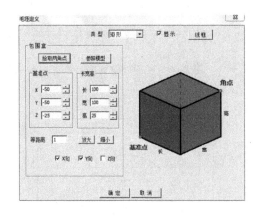

图 5-54 设置毛坯参数

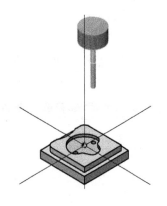

图 5-55 加工模拟

11. 生成加工程序

在"轨迹管理"栏内选中需要加工的轨迹,右击,弹出菜单,选择"后置处理"→"生成G代码"。单击后,弹出"生成后置代码"对话框,如图5-56所示。单击"确定"按钮,生成加工程序,如图5-57所示。

图5-56　"生成后置代码"对话框

图5-57　程序代码

12. 通信参数设置

在主菜单中选择"通信"→"标准本地通信"→"设置"，弹出通信参数设置对话框，如图5-58所示，将参数设置和机床中通信参数设置一致才能正常传输程序。

查看 FANUC 0i – MD 系统机床通信参数步骤如下：

1）按机床面板【SYSTEM】键，进入参数界面。

2）按【参数】软键。

3）按两次【▶】软键，出现【所有IO】软键。

4）按【所有IO】软键，出现通信参数界面，如图5-59所示。

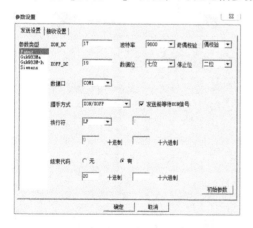

图5-58　CAXA 制造工程师通信设置界面

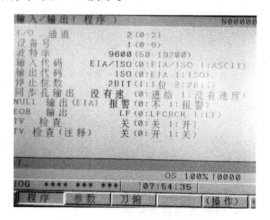

图5-59　FANUC 系统通信参数界面

13. 传输程序

通过 RS232 接口、CF 卡或以太网传输数控程序。通过 RS232 接口输入程序读入操作步骤如下：

1）按机床数控面板【PROG】系统功能键。

2）按【列表】软键。

3）按【操作】软键。

4）按【▶】软键，出现【输入】软键。

5）按【输入】软键，再按【执行】软键。

6）在传输软件中选择要传输的程序，进行程序发送。

14. 机床加工

1）装夹工件，设定工件坐标系在零件正中心。

2）打开传输的程序，选择 AUTO 模式，按【循环启动】按钮加工零件。

15. 尺寸精度控制

测量已完成轮廓的尺寸，根据图样标注公差要求，修改软件中刀具半径，重新生成加工代码，传入机床进行精加工。

5.2.3　三维零件 CAD/CAM 加工

根据图 5-60 所示尺寸，完成五角星零件的造型和加工。根据图中要求，先用线框造型生成五角星线框，再用直纹面造型生成五角星曲面，通过裁剪曲面生成五角星加工区域范围，通过拉伸增料和曲面裁剪实体生成五角星加工实体。加工时选用 $\phi10mm$ 球头铣刀进行曲面粗加工，粗加工方式选用等高线粗加工；$\phi6mm$ 球头铣刀进行曲面精加工，精加工方式选用曲面区域精加工。

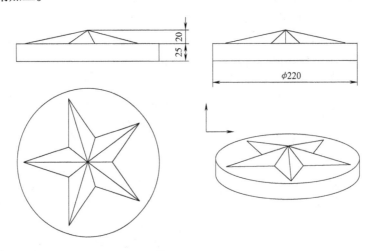

图 5-60　五角星零件

1. 绘制五角星的框架

（1）绘制圆　单击"曲线生成工具栏"上的 ⊕ 按钮，在立即菜单中选择"圆心_半径"，选择坐标系原点作为圆心，键盘输入半径"100"，按 < Enter > 键完成圆的绘制，单击鼠标右键结束圆命令。

（2）绘制五边形　单击"曲线生成工具栏"上的 ⊙ 按钮，在立即菜单中选择"中心"定位，边数为 5 条，按 < Enter > 键确认，选择"内接"，如图 5-61 所示。按照系统提示点取中心点，内接半径为"100"（输入方法与圆的绘制相同）。然后单击鼠标右键结束该五边形的绘制，如图 5-62 所示。

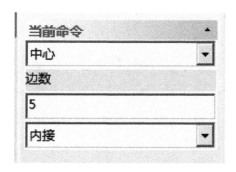

图 5-61　绘制多边形参数

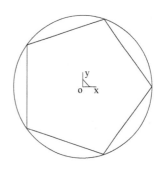

图 5-62　绘制五边形

（3）构造五角星轮廓线

1）使用"曲线生成工具栏"上的直线按钮 ，在立即菜单中选择"两点线""连续""非正交"，如图 5-63 所示。将五角星的各个角点连接起来，如图 5-64 所示。

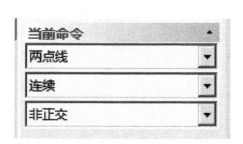

图 5-63　绘制直线参数

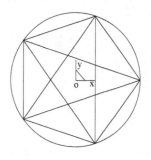

图 5-64　绘制直线

2）单击"曲线编辑工具栏"中删除工具 ，删除五边形和圆，如图 5-65 所示。单击"曲线编辑工具栏"中"曲线裁剪"按钮 ，完成五角星平面轮廓，如图 5-66 所示

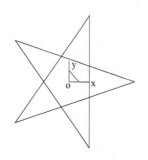

图 5-65　曲线删除

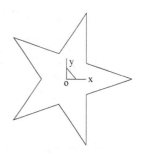

图 5-66　曲线裁剪

（4）构造五角星的空间线架　使用"曲线生成工具栏"上的直线按钮，在立即菜单中选择"两点线""连续""非正交"，用鼠标点取五角星的一个角点，然后按 < Enter > 键，输入顶点坐标（0，0，20）。同理，作五角星各个角点与顶点的连线，完成五角星的空间线架，如图 5-67 所示。

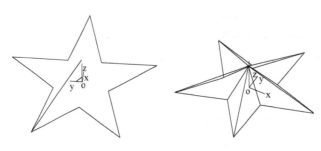

图 5-67　构造五角星框架

2. 绘制五角星曲面

（1）通过直纹面生成曲面　选择五角星的一个角为例，用鼠标单击"曲面工具栏"中的直纹面按钮 ⬜，在立即菜单中选择"曲线＋曲线"的方式生成直纹面（图5-68），然后用鼠标左键拾取该角相邻的两条直线完成曲面，如图5-69所示。

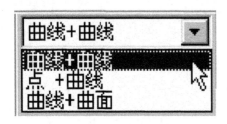

图 5-68　直纹面参数

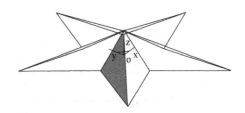

图 5-69　绘制直纹面

≫ 注意 ｜ 在拾取相邻直线时，鼠标的拾取位置应该尽量保持一致（相对应的位置），这样才能保证得到正确的直纹面。

（2）生成其他各个角的曲面　采用直纹面功能绘制完成其他各角曲面，如图5-70所示。

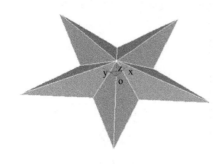

图 5-70　绘制直纹面

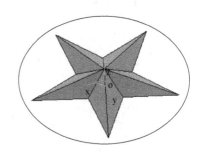

图 5-71　绘制圆

（3）生成五角星的加工区域平面　先以原点为圆心点画圆，半径为"110"，如图5-71所示。用鼠标单击"曲面工具栏中"的平面工具按钮 ⬛，并在立即菜单中选择"裁剪平面"，用鼠标拾取平面的外轮廓线，然后确定链搜索方向（用鼠标点取箭头），系统会提示拾取第一个内轮廓线（图5-72 a）。用鼠标拾取五角星底边的一条线（图5-72 b）。单击鼠标右键确定，完成加工区域平面，如图5-72 c所示。

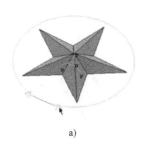
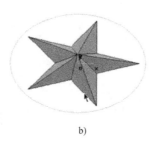
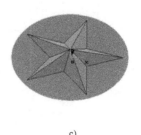

　　a)　　　　　　　　　　　　b)　　　　　　　　　　　　c)

图 5-72　绘制裁剪曲面

3. 绘制五角星实体

（1）生成基本体　选中特征树中的 *XOY* 平面，单击鼠标右键选择"创建草图"，如图 5-73 所示。或者直接单击创建草图按钮 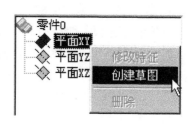（按快捷键 F2），进入草图绘制环境。

在草图中绘制半径为 110mm 的圆，完成后按 F2 键退出草图环境。

图 5-73　创建草图

单击"特征工具栏上"的拉伸增料按钮 ，在拉伸对话框中选择相应的选项，如图 5-74 所示。单击"确定"按钮完成。

图 5-74　拉伸增料绘制圆柱实体

（2）利用曲面裁剪除料生成实体　单击"特征工具栏"上的曲面裁剪除料按钮，用鼠标拾取已有的各个曲面，并且选择除料方向，如图 5-75 所示。单击"确定"按钮完成。

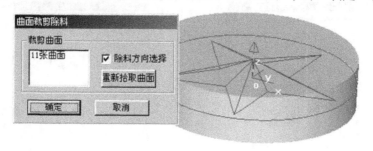

图 5-75　曲面裁剪除料生成实体

（3）利用"隐藏"功能将曲面隐藏　在主菜单中选择【编辑】→【隐藏】，用鼠标从右向左框选实体（用鼠标单个拾取曲面），单击右键确认，实体上的曲面就被隐藏了，如图 5-76所示。

图 5-76　隐藏曲面

4. 五角星加工轨迹生成

五角星的整体形状较为平坦，因此整体加工时应该选择等高线粗加工，精加工时应采用曲面区域加工。CAXA 制造工程师在粗加工时需要设定加工毛坯，用鼠标左键双击"轨迹管理"树中"毛坯"，如图 5-77 所示。弹出"毛坯定义"对话框，单击"参照模型"按钮即可。

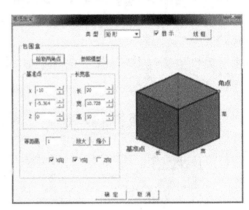

图 5-77　设定毛坯参数

（1）等高线粗加工

1）设置"粗加工参数"。在主菜单中选择"加工"→"常用加工"→"等高线粗加工"，在弹出的"粗加工参数表"中设置"粗加工参数"，如图 5-78 所示。

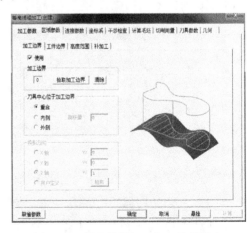

图 5-78　设置等高线粗加工参数　　　　　图 5-79　等高线粗加工加工边界设定

2）设置"区域参数"中的加工边界，勾选"使用"，如图5-79所示。

3）设置粗加工"切削用量"参数，如图5-80所示。

4）设置粗加工"铣刀参数"，如图5-81所示。

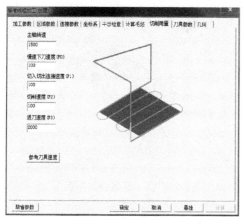

图5-80　设置切削用量

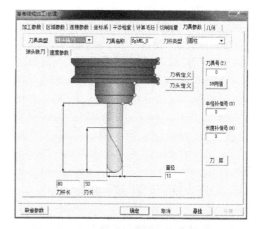

图5-81　设置刀具参数

5）确认"进退刀方式""下刀方式""清根方式"为系统默认值。单击"确定"按钮退出参数设置。

6）按系统提示拾取边界轮廓，拾取半径为110mm的圆后单击链搜索箭头；按系统提示"拾取加工曲面"，选中整个实体表面，系统将拾取到的所有曲面变红，然后单击鼠标右键结束，如图5-82所示。

7）生成粗加工轨迹。系统自动生成粗加工轨迹，结果如图5-83所示。

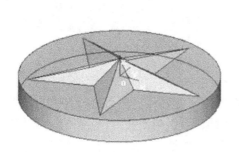

图5-82　拾取加工零件和边界

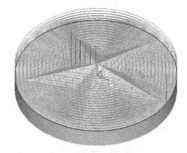

图5-83　等高线粗加工轨迹

8）隐藏生成的粗加工轨迹。拾取轨迹，单击鼠标右键在弹出菜单中选择"隐藏"命令，隐藏生成的粗加工轨迹，以便下步操作。

（2）曲面区域精加工

1）设置曲面区域加工参数。选择"加工"→"常用加工"→"曲面区域精加工"，在弹出的"曲面区域加工参数表"中设置"曲面区域加工"精加工参数，如图5-84所示。

2）设置精加工"切削用量"参数，如图5-85所示。

3）设置精加工"铣刀参数"，如图5-86所示。

4）单击"确定"按钮完成并退出精加工参数设置。

5）按系统提示拾取整个零件表面为加工曲面，单击右键确定。系统会继续提示"拾取

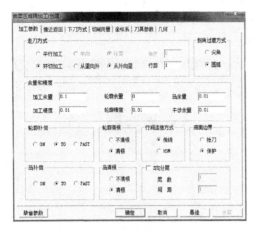

图 5-84　曲面区域精加工轨迹

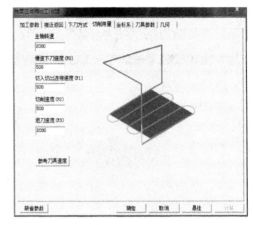

图 5-85　设置切削用量

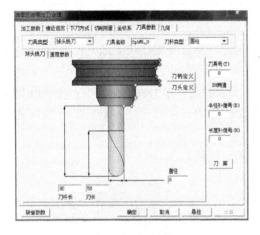

图 5-86　设置刀具参数

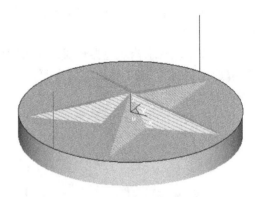

图 5-87　等高线精加工轨迹

轮廓"，用鼠标直接拾取半径为 110mm 的圆，单击右键确认，然后选择并确定链搜索方向。系统最后提示"拾取岛屿"，由于零件不存在岛屿，可以单击右键确定跳过。系统提示"拾取干涉面"，如果零件不存在干涉面，单击右键确定跳过。

6）生成精加工轨迹，如图 5-87 所示。

5. 设置模拟加工毛坯

双击"轨迹管理"树中的"毛坯"，弹出如图 5-88 所示菜单，单击"参照模型"，单击"确定"按钮完成毛坯设置。

6. 模拟加工轨迹

在"轨迹管理"栏内选中所有加工轨迹，单击鼠标右键，弹出菜单，选中线框仿真，进入实体切削模拟界面，单击"运行"按钮进行模拟加工，如图 5-89 所示。

7. 生成加工程序

在"轨迹管理"栏内选中需要加工的轨迹，单击鼠标右键，弹出菜单，选择"后置处理"→"生成 G 代码"。

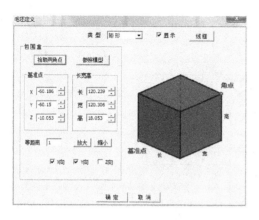

图5-88　设置毛坯

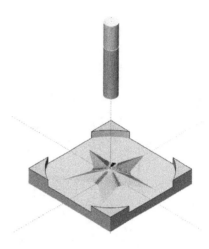

图5-89　模拟加工

8. 传输程序

在机床端设置好接收操作，FANUC系统在"编辑"模式下，按【PROG】键，选择"列表"界面，按向右扩展键【▶】，按【输入】软键，再按【执行】软键，界面提示进入输入状态。

CAXA制造工程师中选择主菜单"通信"→"标准本地通信"→"发送"，弹出发送代码，选择接收机床系统类型和发送程序，单击"确定"按钮完成程序传输至机床。

9. 机床加工

1）装夹工件，设定工件坐标系在零件正中心。

2）打开传输的程序，选择AUTO模式，按【循环启动】按钮加工零件。

思 考 与 练 习

1. 简述CAXA数控车软件中粗车轮廓参数的设置方法。

2. 简述CAXA数控车软件中精车轮廓参数的设置方法。

3. 简述CAXA数控车软件中车螺纹参数设置及轨迹生成的步骤。

4. CAXA数控车软件如何进行轨迹仿真？

5. 数控机床程序传输有哪几种方式？

6. CAXA数控车软件中如何造型？

7. CAXA数控车软件中如何绘制毛坯轮廓线？

8. 简述CAXA数控车软件中生成程序代码的方法。

9. 用CAXA数控车软件编写图5-90所示的圆头螺纹轴套数控程序并加工练习，材料为45钢，毛坯尺寸为ϕ50mm×90mm。

10. 简述CAXA制造工程师基本功能。

11. 简述CAXA制造工程师界面组成。

12. 完成图5-91所示二维零件的图形绘制、轨迹生成和加工代码生成。

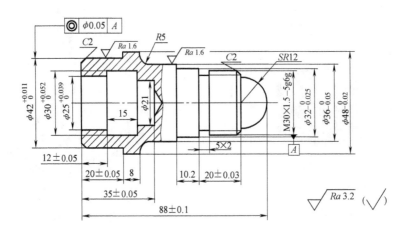

图 5-90　圆头螺纹轴套

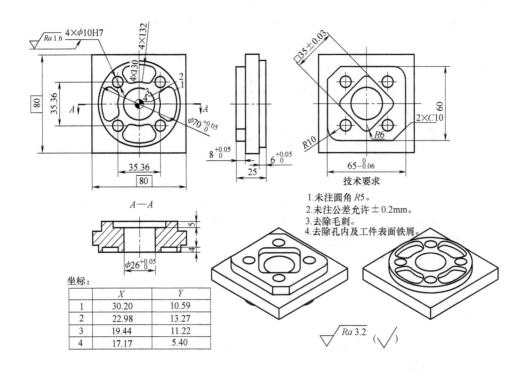

技术要求

1. 未注圆角 R5。
2. 未注公差允许 ±0.2mm。
3. 去除毛刺。
4. 去除孔内及工件表面铁屑。

坐标：

	X	Y
1	30.20	10.59
2	22.98	13.27
3	19.44	11.22
4	17.17	5.40

图 5-91　二维零件造型加工

13. 完成图 5-92 所示三维零件的图形绘制、轨迹生成和加工代码生成。

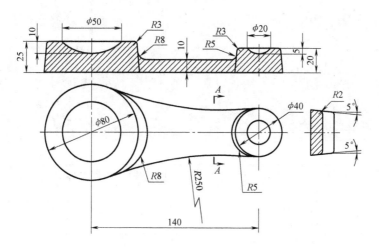

图 5-92　三维零件造型加工

附录

FANUC 0i-Mate-TC系统
数控车床（铣床）常用G代码功能

G 代码	组	发那科系统车床(铣床)指令含义
G00		快速点定位
G01	01	直线插补
G02		顺时针圆弧插补
G03		逆时针圆弧插补
G04	00	暂停
G17		XY 平面选择
G18	16	ZX 平面选择
G19		YZ 平面选择
G20	06	英制输入
G21		公制输入
G22	09	存储行程检测功能有效
G23		存储行程检测功能无效
G25	08	主轴速度变动检测
G26		取消主轴速度变动检测
G28	00	返回参考点
G29		从参考点返回
G32	01	切削等螺距螺纹
G34		切削变螺距螺纹(铣床未指定)
G40		取消刀尖半径补偿
G41	07	刀尖半径左补偿
G42		刀尖半径右补偿
G50		工件坐标系设定或最大转速限制
G52		可编程坐标系偏移(局部坐标系)
G53	00	取消可设定的零点偏置(或选择机床坐标系)
G54		工件坐标系1
G55		工件坐标系2
G56		工件坐标系3
G57	14	工件坐标系4
G58		工件坐标系5
G59	15	工件坐标系6
G60		未指定(铣床含义为单向定位)
G64	00	未指定
G65	12	宏程序调用
G66		宏程序模态调用
G67	04	宏程序模态调用取消
G68		相向刀具台镜像(铣床含义为坐标轴旋转)

（续）

G 代码	组	发那科系统车床(铣床)指令含义
G69		取消相向刀具台镜像(铣床含义为取消坐标轴旋转)
G70		精车复合循环(铣床未指定)
G71		粗车复合循环(铣床未指定)
G72		端面粗车复合循环(铣床未指定)
G73	00	固定形状粗车复合循环(铣床含义为深孔钻削循环)
G74		端面深孔钻削、端面车槽复合循环(铣床含义为反向攻螺纹循环)
G75		外圆车槽复合循环(铣床含义为磨削循环)
G76		螺纹切削复合循环(铣床含义为精镗循环)
G80		取消固定循环
G81		未指定(铣床含义为孔钻削循环)
G82		未指定(铣床含义为孔钻削循环)
G83		端面钻孔循环(铣床含义为深孔钻削循环)
G87	10	侧面钻孔循环(铣床含义为反镗孔循环)
G84		端面攻螺纹循环(铣床含义为攻螺纹循环)
G88		侧面攻螺纹循环(铣床含义为镗孔循环)
G85		端面车孔循环(铣床含义为镗孔循环)
G89		侧面车孔循环(铣床含义为镗孔循环)
G90	01	外圆、内孔单一形固定循环(铣床含义为绝对值编程)
G91	00	发那科车床用 X、Y、Z 表示绝对值编程；用 U、V、W 表示增量值编程(铣床含义为增量值编程)
G92		螺纹切削单一循环(铣床含义为工件坐标系设定/主轴最高转速限制)
G94	05	端面切削单一循环(铣床含义为每分钟进给量 mm/min)
G95		未指定(铣床含义为每转进给量 mm/r)
G96	02	主轴转速恒定切削速度
G97		取消主轴恒定切削速度
G98	11	每分钟进给量(mm/min)(铣床含义为返回起始点)
G99		每转进给量(mm/r)(铣床含义为返回 R 点)

参 考 文 献

[1]　高枫,肖卫宁.数控车削编程与操作训练【M】.2 版.北京:高等教育出版社,2010.

[2]　谢晓红.数控车削编程与加工技术【M】.3 版.北京:电子工业出版社,2015.

[3]　张磊光,周飞.数控加工工艺学【M】.北京:电子工业出版社,2007.

[4]　吴祖育,秦鹏飞.数控机床【M】.3 版.上海:上海科学技术出版社,2009.

[5]　蔡汉明,宋晓梅,高伟,等.新编实用数控加工手册【M】.北京:人民邮电出版社,2008.

[6]　林秀朋,李健龙.数控车编程与实训教程【M】.北京:电子工业出版社,2010.

[7]　田春霞.数控加工技术【M】.2 版.北京:机械工业出版社,2013.

[8]　沈建峰,虞俊.数控车工(高级)【M】.北京:机械工业出版社,2007.

[9]　王荣兴.加工中心培训教程【M】.2 版.北京:机械工业出版社,2014.

[10]　朱明松.数控车床编程与操作项目教程【M】.北京:机械工业出版社,2008.

[11]　朱明松.SIEMENS 系统数控车工技能训练【M】.北京:人民邮电出版社,2010.

[12]　朱明松,王翔.数控铣床编程与操作项目教程【M】.2 版.北京:机械工业出版社,2014.

[13]　朱明松.数控车床编程与操作练习册【M】.北京:机械工业出版社,2011.